IT × 仕事術
IT × Work Hacks

最速ショートカットキー

仕事が必ず速くなる一生モノのテクニック

高田天彦

技術評論社

目次

contents

第1章 一生モノのキーボードテクニックを身に付ける

第2章 効率化につながる最強のショートカットキー

第3章 文字入力をパワーアップ

第4章 プロがやっているExcelの高速技

第5章 きれいな文書をすぐ作る Wordの高速技

第6章 メールもファイル操作も検索も もっと速くなる

第7章 知ってるだけで速くなる Windowsの裏技

本書をお読みになる前に

●本書は以下の環境で動作を確認しています。ご利用時には、一部内容が異なる場合があります。あらかじめご了承ください。

　パソコンのOS：Windows 10

　ブラウザ：Microsoft Edge、Google Chrome

　ソフトウェア：Microsoft 365、Microsoft Word 2019、Microsoft Excel 2019

●本書に記載された内容は、情報の提供だけを目的としています。したがって、本書を用いた運用は、必ずお客様自身の責任と判断によって行ってください。これらの情報の運用の結果について、技術評論社および著者はいかなる責任も負いません。

　本書記載の情報は、2021年2月現在のものを掲載していますので、ご利用時には、変更されている場合もあります。

　本書のソフトウェアに関する記述は、特に断りのないかぎり、2021年2月現在での最新バージョンをもとにしています。ソフトウェアはバージョンアップされる場合があり、本書での説明とは機能内容や画面図などが異なってしまうこともあり得ます。本書ご購入の前に、必ずバージョン番号をご確認ください。

　以上の注意事項をご承諾いただいた上で、本書をご利用願います。これらの注意事項をお読みいただかずに、お問い合わせいただいても、技術評論社および著者は対処しかねます。あらかじめ、ご承知おきください。

第1章

一生モノのキーボードテクニックを身に付ける

パソコン仕事が速い人は、ほぼすべての操作をキーボードのみで処理しています。普段、Windowsの操作をマウス中心に行っている人からすると想像がつかないかもしれませんが、Windowsの操作は実はキーボードだけでもほとんど実行できるのです。仕事が速い人はそのことを知っているので、マウスゼロで業務を効率的にこなし、なおかつ美しく完結させることができます。
この章では、なぜキーボードのテクニックが効率化につながるのかを説明しています。次に、キーボードだけで行える操作の種類や、そのメリットについて解説します。また、Windowsの基本操作もキーボードだけで行えることや、ショートカットキーの使用であらゆる操作を最高速で実行できることも紹介します。これまで知らなかったキーボードのテクニックを身に付けるために、まずはここでの内容を確認し、使いこなす準備を始めましょう。

1-01 なぜ仕事が速い人はマウスよりキーボード派なのか

パソコン仕事が速い人の特徴の1つに、キーボードを使いこなしていることが挙げられます。マウスを手放し、いつもの作業をキーボードだけで完結させることで、仕事のスマート化と効率化を図りましょう。

キーボードで完結させるほうが速く、美しい！

断言します。パソコン仕事が速い人はパソコンを使うときにキーボードから手を離しません。マウスとキーボードを行き来することがないので、それだけでかなりの時間を短縮できます。一方で仕事の遅い人は、キーボードとマウス操作の両方に時間を費やします。マウスでセルを選択して少し入力したら、またマウスで別のセルをクリックして……。こんなふうにマウスとキーボードを何度も何度も往復する人は少なくありません。

この往復が減らせるだけでも、実は効率は大きくアップするのです。

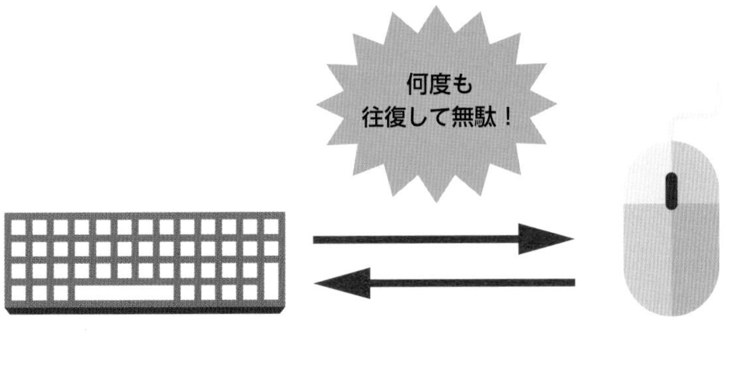

さらに残念なことには、ドラッグで思わぬところまで選択してしまったり、画面をスクロールしすぎてしまったりするなど、些細なミスに時間を取られてしまいがちです。そのため、マウスとキーボードの両方を操作しながらの仕事はあまり効率的とはいえません。

実は**パソコンではマウスを使わず、キーボード操作だけで十分な仕事ができます**。

キーボードのメイン操作といえば文字入力ですが、それだけで終わらせてしまうのはあまりにももったいないことです。いつも使っている機能もキーボードだけで完結させることができるので、このテクニックを使わない手はありません。キーボード操作とショートカットキーを覚えて、今よりももっと速く、そして美しく、仕事を進めてみましょう。

● WordやExcelの操作も超速化できる

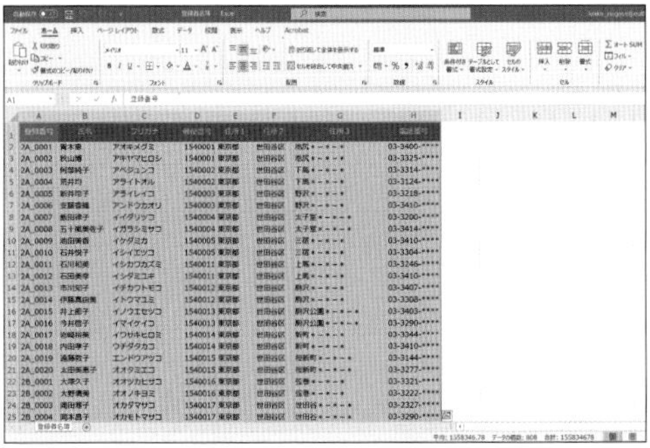

マウスでは厄介なExcelの大きな表。思うように選択できず、イライラしたことはないだろうか。
キーボードであれば、すばやく、かんたんに思いどおりの範囲を選択することができる。

● マウスに頼りっきりの操作をやめれば移動時の持ちものも減らせる

パソコンをキーボードだけで操作することができたら、マウスを持ち歩く必要がなくなる。
外出時の荷物も、持ち歩くパソコンそのものも、ダウンサイジング（小型化）することができる。

1-02 Windowsは キーボードだけで動く

Windowsは、キーボードだけでほとんどすべての操作ができます。キーボードを使いこなすテクニックを身に付けることで、無駄をなくし、さらにはリスクを減らしながら仕事の効率化を目指しましょう。

実はキーボードだけでさまざまな操作ができる

普段マウスを使っている人は、キーボードだけでWindowsを操作するなんてことは、想像もつかないかもしれません。

しかしキーボードだけで、**いつもよく使うさまざまな操作が可能**なのです。たとえば、ファイルの移動やコピーをするのはもちろんのこと、Excelを立ち上げて表の修正をしたり、見ているWebサイトのページを印刷したりすることなども、マウスを使わずにできてしまいます。

ただマウスの操作が代替できるだけでなく、キーボードのほうが一般的に速く操作できます。

キーボードだけの操作を覚えてしまえば、余計な無駄やリスクを減らせるうえ、より効率的に仕事に取り組むことができるようになるのです。

● ファイルの移動

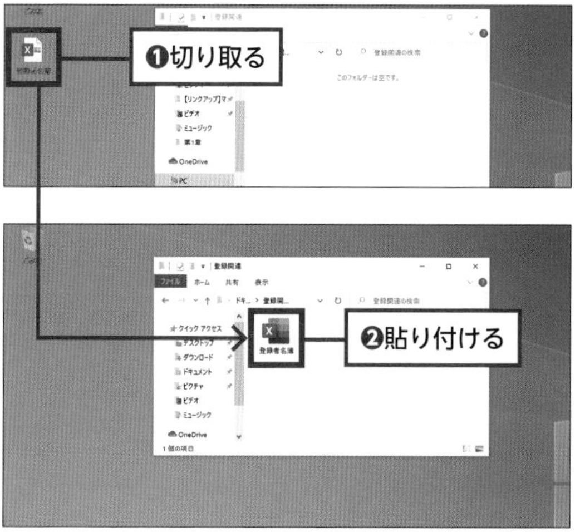

Ctrl + X

Ctrlキーを押しながらXキーを押して、移動したいファイルを切り取る（❶）。

Ctrl + V

Ctrlキーを押しながらVキーを押して、移動したい場所にファイルを貼り付ける（❷）。

デスクトップからフォルダ内へのファイル移動もキーボードだけで可能。いちいちマウスを動かす手間がかからない。

Excelの表の修正

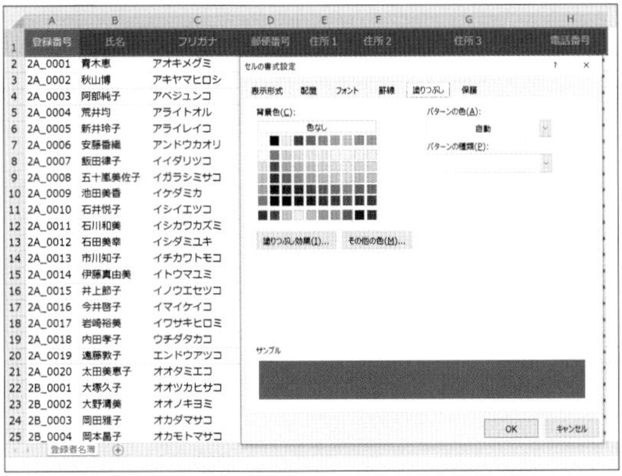

Excelの便利な機能も、ほとんどキーボードだけで操作することができる。
文字や表の書式の設定はもちろん、グラフもキーボードで作成可能。文字や表の書式設定はSec.28を、グラフの作成はSec.29をそれぞれ参照。

Webサイトのページ印刷

Ctrl + P

Ctrlキーを押しながらPキーを押すと、印刷画面が表示される。

気になった記事や参考資料用にWebページを印刷したいときもマウスは不要。キーボードで印刷ウィンドウを表示すれば、あっという間に印刷できる。

ブラウザ内での入力・選択

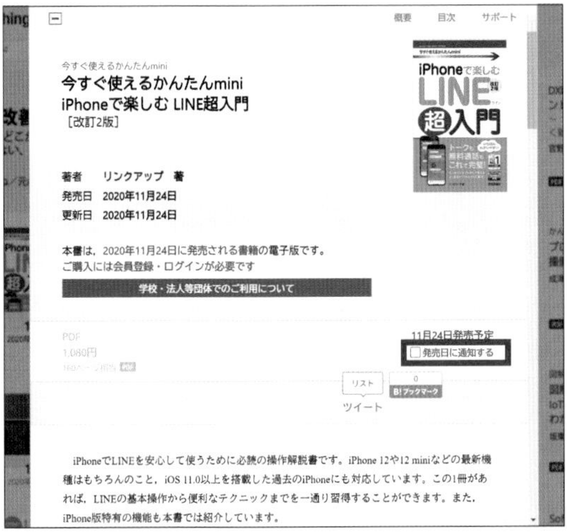

会員登録などで求められる入力作業は、すべてキーボードだけで完結できる。
チェックボックスやラジオボタンなどの選択もキーボードだけで操作可能だ（詳細は、P.14とP.149を参照）。

1-03 ショートカットキーで最高速に到達する

キーボードで仕事を完結させるのに、ショートカットキーは欠かせません。ショートカットキーは、単に機能を実行するだけでなく、マウスで行っていた操作をワンタッチで実行できます。

機能をすばやく実行するショートカットキー

キーボードでさまざまな操作を実現するときに使用するのが、「ショートカットキー」です。ショートカットキーとは、**あらかじめ特定の機能を動作させるために割り当てられたキー、またはキーの組み合わせ**のことを指します。

ここでは、「Wordで文書全体を選択してコピーしたいとき」を例に考えてみましょう。まずマウスを使う場合は、文書の先頭にマウスカーソルを置き、文字のない部分をトリプルクリックして文書全体を選択、そこから右クリックして＜コピー＞をクリックして選択する……という一連の操作が必要です。少々手間です。

しかし、これがショートカットキーの場合、Ctrl+Aキーで文書全体を選択、Ctrl+Cキーでコピーする――たったこれだけです。**キーを押すだけで、使いたい機能や操作が最高速で実行**できます。

Step1　文書全体を選択する

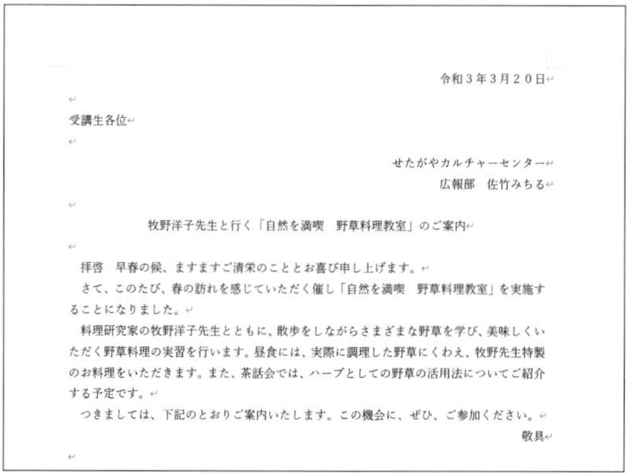
令和３年３月２０日

受講生各位

せたがやカルチャーセンター
広報部　佐竹みちる

牧野洋子先生と行く「自然を満喫　野草料理教室」のご案内

拝啓　早春の候、ますますご清栄のこととお喜び申し上げます。
さて、このたび、春の訪れを感じていただく催し「自然を満喫　野草料理教室」を実施することになりました。
料理研究家の牧野洋子先生とともに、散歩をしながらさまざまな野草を学び、美味しくいただく野草料理の実習を行います。昼食には、実際に調理した野草にくわえ、牧野先生特製のお料理をいただきます。また、茶話会では、ハーブとしての野草の活用法についてご紹介する予定です。
つきましては、下記のとおりご案内いたします。この機会に、ぜひ、ご参加ください。
敬具

Ctrl＋A

Ctrlキーを押しながらAキーを押すと、項目全体を選択する。

複数ページある文書でも、スピーディーに選択することが可能。

Step2　選択した範囲をコピーする

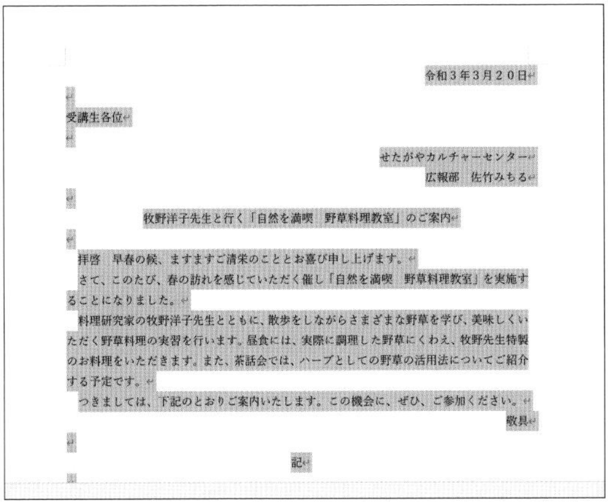
令和３年３月２０日

受講生各位

せたがやカルチャーセンター
広報部　佐竹みちる

牧野洋子先生と行く「自然を満喫　野草料理教室」のご案内

拝啓　早春の候、ますますご清栄のこととお喜び申し上げます。
さて、このたび、春の訪れを感じていただく催し「自然を満喫　野草料理教室」を実施することになりました。
料理研究家の牧野洋子先生とともに、散歩をしながらさまざまな野草を学び、美味しくいただく野草料理の実習を行います。昼食には、実際に調理した野草にくわえ、牧野先生特製のお料理をいただきます。また、茶話会では、ハーブとしての野草の活用法についてご紹介する予定です。
つきましては、下記のとおりご案内いたします。この機会に、ぜひ、ご参加ください。
敬具

記

Ctrl + C

Ctrlキーを押しながらCキーを押すと、選択した範囲をコピーする。

選択からコピーまで、マウスを使うことなく操作することができる。文字列のコピーについての詳細は、Sec.12を参照。

このように、ショートカットキーを使うことで、今よりもすばやく、快適に仕事を進めることができるようになります。ショートカットキーを使うのと使わないのとでは、年間の作業時間に換算すると、およそ60時間以上もの差が出るといわれています。

ショートカットキーはあらかじめ割り当てられている

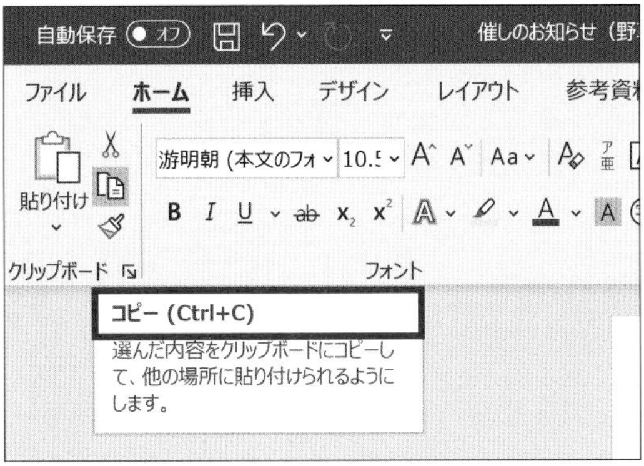

ソフトやアプリケーションによっては操作ボタンにマウスカーソルを合わせると、ボタンの名前とともに、割り当てられたショートカットキーが表示されるものもある。
よく使う操作や、ショートカットキーを忘れたときに確認できるので、便利だ。

Ctrl + Z ／ Ctrl + Y

操作を間違えてしまったときは、Ctrl + Zキーを押しましょう。直前に行った操作をもとに戻すことができます。なお、Ctrl + Yキーを押すと、順にやり直すことが可能です。これらの操作はWord／Excelやエクスプローラーなど多くのソフトウェアで共通しています。

COLUMN
実はキーボードだけで実行できる操作

Windowsの操作は実はほとんどキーボード対応です。たとえば、作業中にデスクトップ画面に戻りたいときは、⊞+Dキーを押します。また、デスクトップ画面にあるショートカットからアプリを起動したいときは、↓キーでフォーカスを移動させ（❶）、開きたいアプリがハイライト（選択）されたらEnterキーを押して起動します（❷）。

そのほかにも、エクスプローラーを開くときは、⊞+Eキーを押すなど、⊞キーは基本的なWindowsの操作に使われます。

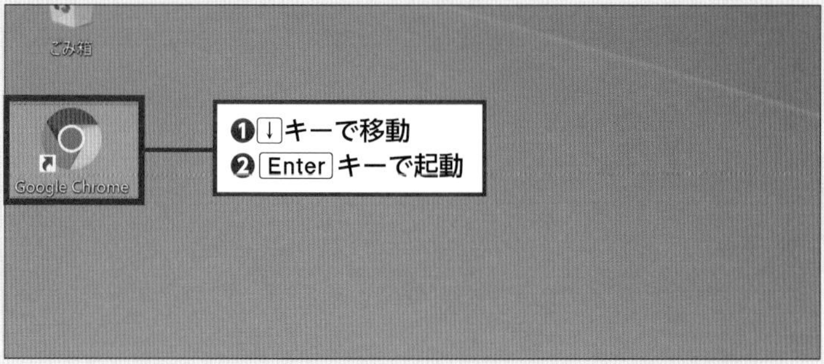

また、ダイアログボックス内の設定も、キーボードだけで操作が可能です。ダイアログボックスの設定項目のフォーカスは、Tabキーを使って移動させることができ（❶）、ドロップダウンリストは、↓キーで選択できます（❷）。またチェックボックスやラジオボタンは、Spaceキーを押すことでチェックを付けたり、外したりすることができます（❸）。

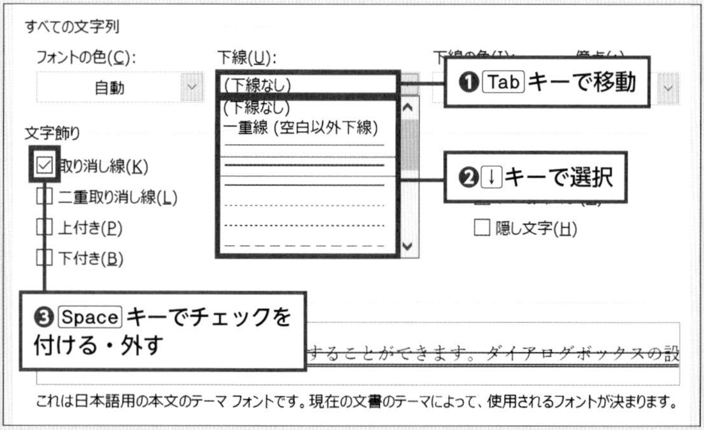

第2章

効率化につながる最強のショートカットキー

パソコン作業を効率化させるうえで、ショートカットキーの活用は必須です。マウスとキーボードを交互に使っていては、時間のロスになってしまいます。ショートカットキーを使えば、これまでマウスで複数のステップを踏んでいた操作も、一瞬で実行できるようになります。

この章では、アプリの起動や切り替えをはじめ、アプリを見やすいように配置したり、マウスで行っていた右クリックメニューをすばやく表示させたりするなど、Windowsの基本操作を中心としたショートカットキーを紹介しています。すべてのショートカットキーを覚える必要はありませんが、基本的なショートカットキーは全操作の効率化につながるのでぜひ覚えておきましょう。日々の業務を効率化させ、作業スピードが速くなれば、時短にもつながり一石二鳥です。

2-04 ショートカットキーを覚えれば仕事は変わる

ショートカットキーは作業を効率化させるための最強ツールです。とくにWindowsの基本操作は、キーボード操作だけで十分です。よく使う操作は覚えて使いこなしましょう。

まずはショートカットキーを知ることから始める

効率的に仕事を完結させるためにキーボードだけで操作する——それを実現させるためには、「ショートカットキー」を知ることが必須です。**ショートカットキーを使えば、たとえマウスがなくとも、パソコンを自由に操り、いつもよりもさらに効率よく作業することができます**。

ショートカットキーでとくに覚えておきたいのが、Windowsそのものの操作にかかわるもの、多くのソフトで共通するショートカットキーの2つです。

これらのショートカットキーは多くのシーンで活用できるため、一度覚えると利用頻度が多くなります。第2章ではWindowsそのもののショートカットキーを中心に解説します。

毎日使うWindowsで基本操作を覚えれば、効率は桁違いです。たとえば、「設定」アプリを起動したいときは⊞+Iキー、アプリ使用中にデスクトップ画面に戻りたいときは⊞+Dキーのように、「よく使うけれどマウスだと面倒」な操作をショートカットキーだけですばやく実行できます。

●「設定」アプリを起動する

⊞+I

⊞キーを押しながらIキーを押すと、「設定」アプリが表示される。

● デスクトップ画面に戻る

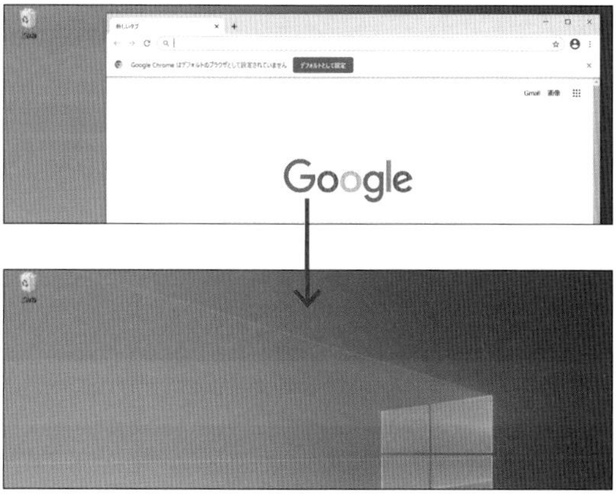
Google

⊞+D

⊞キーを押しながらDキーを押すと、デスクトップ画面に戻る。

ショートカットキーは多くの場合、Ctrlや⊞キーなどといっしょにアルファベットや数字のキーを押すことで動作します。

このときのCtrlや⊞キーは「修飾キー」と呼ばれます。アルファベットや数字のキーを修飾して新たな意味を与えるからです。

Windowsの全体操作にかかわるものは、⊞キーを修飾キーにしたショートカットキーが多いです。なお、⊞キーは単独で押すとスタートメニューを表示できます。これも覚えておいて損のないショートカットキーです。

Shiftキー
大文字入力などに利用。修飾キーとしては主にCtrlやAltキーと組み合わせて利用。
⊞キー
Windowsを操作するときに使用。単体で押すと「スタート」を開く。
Ctrlキー
主に修飾キーとして利用（左右両方可）。
Fnキー
F1～F12キーに記載されている機能を実行するときに使用(パソコンにより異なる)。
Altキー
主に修飾キーとして利用（左右両方可）。

2-05 アプリ起動にマウスはいらない

アプリの起動にマウスは必要ありません。ショートカットキーを使えば、スタートメニューからでも、タスクバーからでも、かんたんにアプリを起動したり、アプリを切り替えたりすることができます。

起動から終了までを一気に実行

ショートカットキーを使えば、アプリの起動からアプリの終了まで、マウスなしで操作できます。複数のアプリを起動したり、アプリを切り替えて操作したりすることもショートカットキーだけで行えます。

デスクトップやスタートメニューのアイコンを探しながらマウスを右へ左へ動かす時間が、ショートカットキー起動法を身につけるだけで一気に短縮できます。タスクバーに追加したアプリは⊞+数字キーで起動・切替できます。タスクバーの先頭から順に1、2、3、4、5、6、7、8、9、0の数字が割り振られています。

なお、マウスだけでアプリをキーワード検索して起動する方法もあります（P.145参照）。

● Step1　タスクバーから「エクスプローラー」を開く

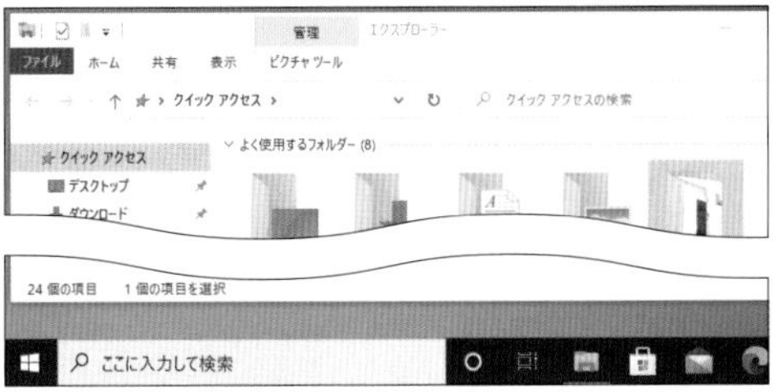

⊞+1

⊞キーを押しながら1キーを押すと、タスクバーの先頭から1番目の「エクスプローラー」が起動する。

MEMO

数字キーは、タスクバーのアイコンの位置を示しています。ここでは、「エクスプローラー」のアイコンが左から1番目にあるので1キーを押しています。なお、ショートカットキーで数字キーを押す場合は、テンキーは使用できません。

● Step2 「Microsoft Edge」を開く

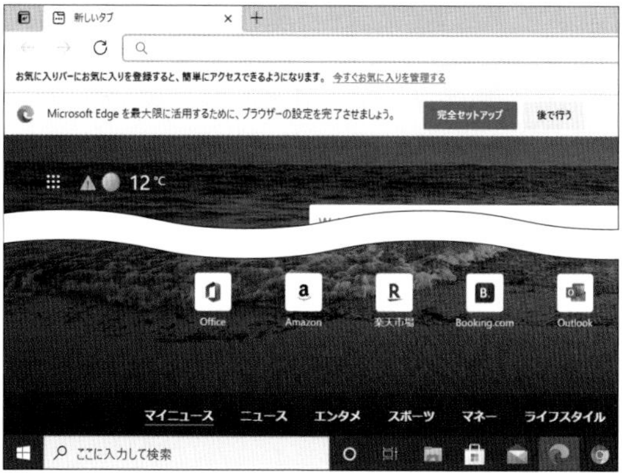

⊞ + 4

⊞キーを押しながら4キーを押すと、タスクバーの4番目の位置にある「Microsoft Edge」が開く。

● Step3 アプリを切り替える

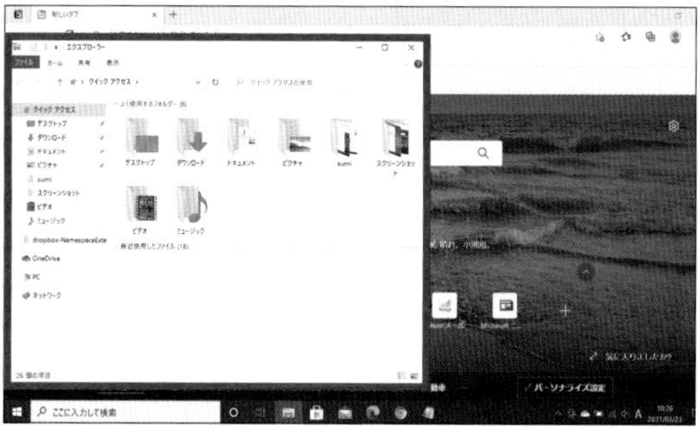

⊞ + 1

⊞キーを押しながら1キーを押すと、再度先頭から1番目の「エクスプローラー」が表示される。

Alt + F4

現在アクティブなアプリ（ここでは「エクスプローラー」）を終了したいときは、Alt + F4 キーを押すと、すぐに終了できます。

MEMO

デスクトップ画面でAlt + F4 キーを押すと、「Windwosのシャットダウン」画面が表示され、プルダウンメニューから「シャットダウン」「ユーザーの切り替え」「サインアウト」「スリープ」「再起動」を選択できます。

2-06 使いたいアプリをいちいち探さず切り替える

ショートカットキーを使って、開かれた複数のアプリやファイルを一覧表示できます。作業したいアプリやファイルを苦労して探すことなく、一瞬で切り替えるのはマウスにはできない操作です。

アプリを一瞬で切り替えて作業を効率的に

複数のアプリやファイルを開きながら作業をしていると、ウィンドウの切り替えに苦労することがあります。とくにたくさんのアプリを開いているときは、タスクバーのアイコンが多すぎて操作しづらかったり、同じアプリで複数のファイルを操作しているときは、別のファイルを開いてしまったりするなど、煩わしさを感じることもあるでしょう。

そこで活用したいのがショートカットキーです。**開いているアプリやファイルを一覧表示させるショートカットキーを使えば、アプリやファイルを探す手間が省けます。過去に使用したファイルの一覧から選ぶこともできるので、アプリの切り替えが一瞬でできる**ようになります。

● アプリ・仮想デスクトップ・過去に開いたファイルを一覧表示する

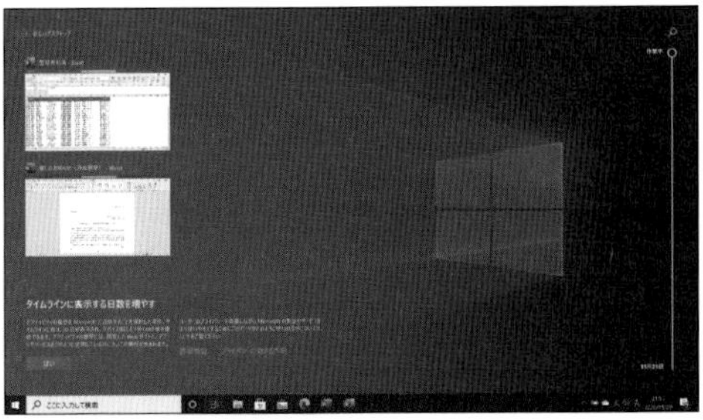

⊞＋Tab

⊞キーを押しながらTabキーを押すと、現在開いているアプリ・仮想デスクトップ・過去に開いたファイルの一覧が表示される。最大30日分の履歴を表示することができる。

MEMO

⊞＋Tabキーで一覧が表示されたら、矢印キー（→←↓↑）で移動し、開きたいアプリやファイルにフォーカスが合ったらEnterキーを押します。一覧表示を解除したいときは、Escキーを押すともとの画面に戻ります。

● Step1　開いているアプリを一覧表示する

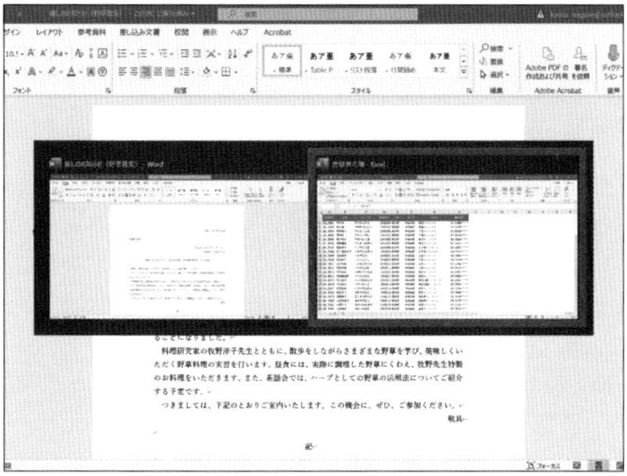

Alt + Tab

Alt キーを押しながら Tab キーを押すと、タスクバーに表示されているアプリが一覧表示される。 Alt キーを押したまま Tab キーを押すと、押した回数分フォーカスが移動する。開きたいアプリにフォーカスが移動したら手を離す。

● Step2　表示が「Excel」に切り替わる

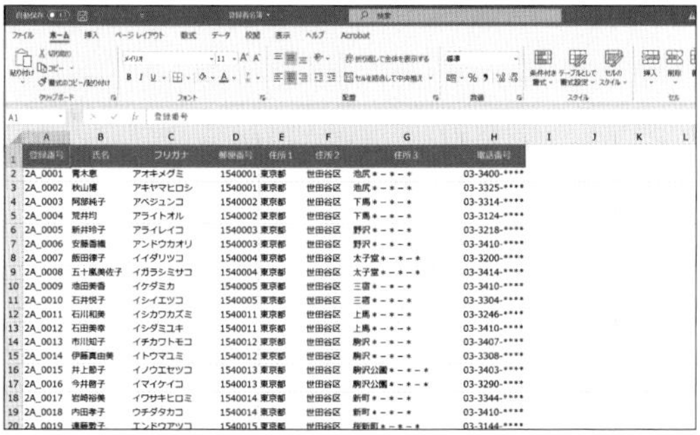

フォーカスが合ったアプリが前面に表示される。

Ctrl + Alt + Tab

Ctrl + Alt + Tab キーを押すと、開いているアプリの一覧表示を固定できます。この場合、フォーカスの移動は、 Tab キー、矢印キーまたは Ctrl + Alt + Tab キーで行い、 Enter キーを押して表示します。

MEMO

⊞ + Tab キーを押すと表示される過去に開いたファイルの一覧では、日付ごとに使用したファイルのサムネイルが表示されます。また、仮想デスクトップを使用している場合は、デスクトップ画面の切り替えもこの一覧から行えます。仮想デスクトップを使っていないときは、 Alt + Tab キーのほうがかんたんに操作できるのでおすすめです。

2-07 アプリを自在に配置して操作する

「スナップ」は、ウィンドウ上を整理するのに便利な機能です。複数のアプリを開いて作業するときに、ウィンドウをきれいに並べて表示できます。ウィンドウの整理も一瞬で行えます。

スナップとは

「スナップ」は、アクティブなウィンドウ（操作中のウィンドウ）を画面の端に移動すると、サイズを自動で調整してくれる機能です。ウィンドウをきれいに整列でき、複数のウィンドウを使っているときは表示を切り替える手間が省け、作業を効率化できます。

Windows 10からは、アクティブウィンドウがスナップされると、画面の半分に配置できるウィンドウの一覧が表示される「スナップアシスト」機能が追加されました。また、スナップアシストが有効なときは画面４分の1サイズに変更できるようにもなっています。

● スナップのショートカットキー

ショートカットキー	操作
⊞ + ←	アクティブウィンドウを左半分に表示する
⊞ + →	アクティブウィンドウを右半分に表示する
⊞ + ↑	アクティブウィンドウを最大化する
⊞ + ↓	アクティブウィンドウを最小化する

スナップはショートカットキーでも可能です。ショートカットキーでウィンドウの位置をかんたんに変更することができます。たとえば、⊞+←キーを押すとウィンドウが画面左端にスナップされ、←キーもう1回押すと画面右端にスナップされます。さらに←キーをもう1回押すと、画面の真ん中にスナップされます（⊞+→キーの場合は、右→左→中央の順番にスナップ）。切り替えながらベストな状態を選べます。

なお、一度スナップしたあとは⊞＋矢印キーの動作が変化します。以後の解説を参照してください。

Step1 ウィンドウをスナップする

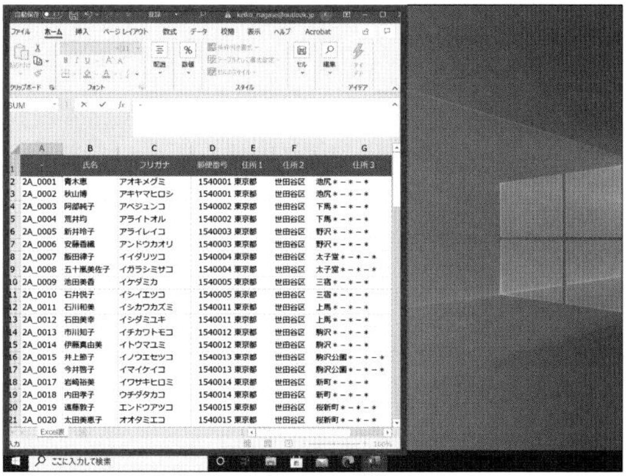

⊞+←

アプリ（ここではExcel）を起動した状態で、⊞キーを押しながら←キーを押すと左半分に表示される。もう1回←キーを押すと右半分に表示される。

MEMO

複数のウィンドウが開かれているとき、ウィンドウが左半分または右半分にスナップされた状態で手を離すと、「スナップアシスト」機能により、もう半分の画面に開いているウィンドウの一覧が表示されます（P.24〜25参照）。

Step2 ウィンドウのスナップを解除する

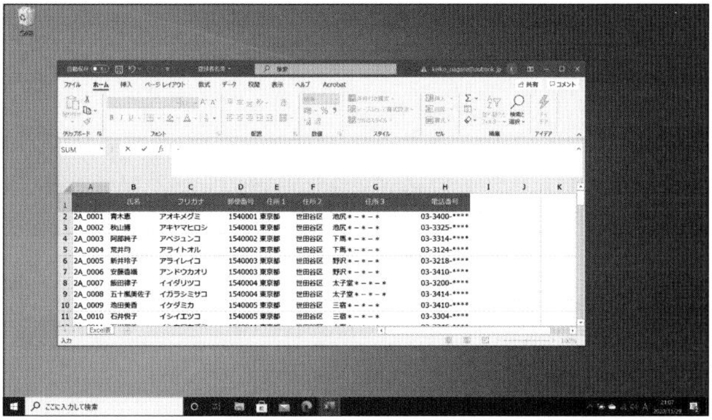

⊞+←

もう1回←キーを押して手を離すと、もとに戻ってウィンドウが画面中央に表示される。

MEMO

端にスナップされた画面の幅を変更したあと、反対側に別のウィンドウをスナップすると、空き幅を埋めるようにウィンドウが並びます。これは「スナップフィル」と呼ばれる機能です。

スナップを使ってWindowsを整理する

「スナップ」機能で、複数のアプリのウィンドウを左右に並べて表示してみましょう。複数のウィンドウがあるときに使える「スナップアシスト」機能を利用すると、どのアプリのウィンドウを並べて表示させるかを選択でき、ウィンドウを並べて相互に参照しながら作業したいとき便利です。

● Step1　ウィンドウを左端にスナップする（複数のウィンドウ）

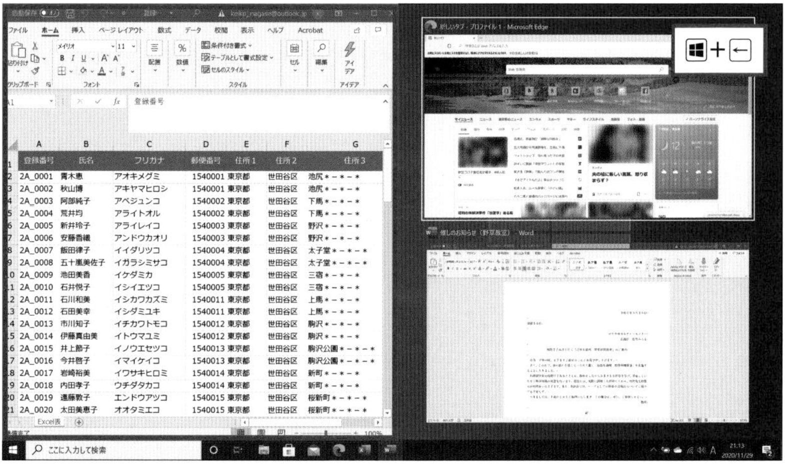

⊞キーを押しながら←キー押すと、アクティブなウィンドウが左端にスナップされる。

● Step2　フォーカスを移動し、表示するウィンドウを選択する

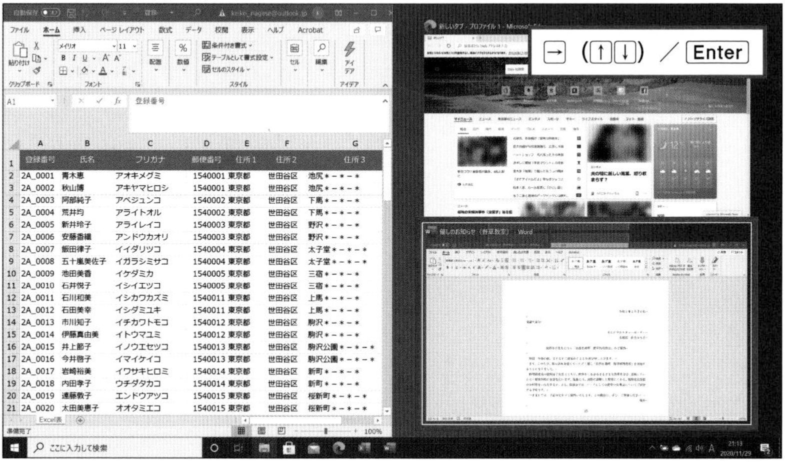

→キーを押してフォーカスを移動させ、↑↓キーでウィンドウを選択してEnterキーを押す。

Step3　ウィンドウが右端にスナップされる

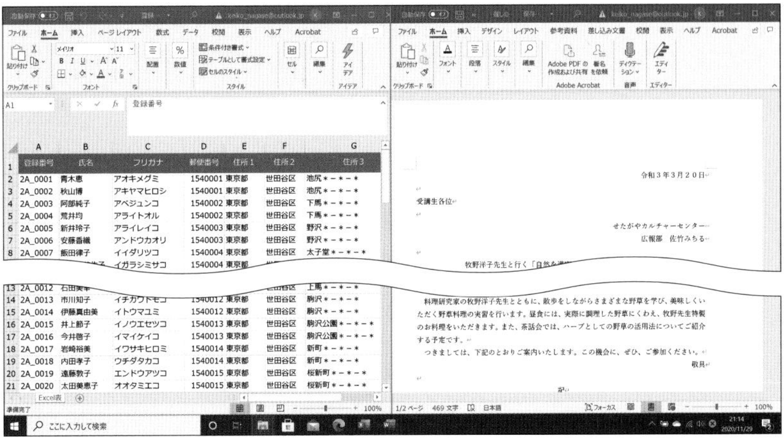
keiko_nagase@outlook.jp
ファイル ホーム 挿入 ページレイアウト 数式 データ 校閲 表示 ヘルプ Acrobat
ファイル ホーム 挿入 デザイン レイアウト 参考資料 差し込み文書 校閲 表示 ヘルプ Acrobat
令和３年３月２０日
受講生各位
せたがやカルチャーセンター
広報部　佐竹みちる
料理研究家の牧野洋子先生とともに、散歩をしながらさまざまな野草を学び、美味しくいただく野草料理の実習を行います。昼食には、実際に調理した野草にくわえ、牧野先生特製のお料理をいただきます。また、茶話会では、ハーブとしての野草の活用法についてご紹介する予定です。
つきましては、下記のとおりご案内いたします。この機会に、ぜひ、ご参加ください。
敬具
ここに入力して検索

選んだウィンドウが右側に移動し、2つのウィンドウが左右に並んで表示される。

Step4　ウィンドウをさらに上端半分のサイズにスナップする

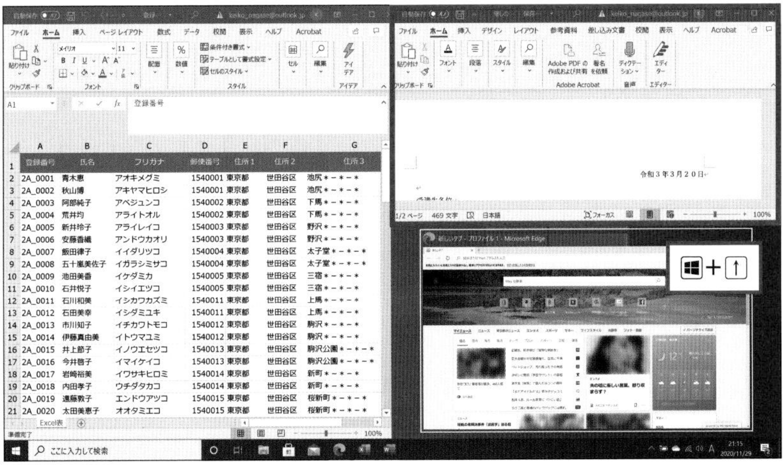
⊞+↑
新しいタブ - プロファイル 1 - Microsoft Edge
令和３年３月２０日
ここに入力して検索

⊞キーを押しながら↑キーを押すと、右端にスナップされたウィンドウが上端半分に表示される。スナップアシストにより、下半分にアクティブなほかのウィンドウが一覧表示される。さらにEnterキーを押すとこのウィンドウが隙間に表示される。

MEMO

⊞+↑キーは普段はウィンドウを最大化しますが、スナップアシストの操作をしているときはウィンドウの上端半分の操作になります。このときはもう一度⊞+↑キーを押すと最大化します。

2-08 Windowsの終了／操作中断もキーボードで

離席時はセキュリティ対策としてパソコンをロックしておきましょう。急いでいても、ショートカットキーを使えば、一瞬でパソコンをロックできます。

離席時はパソコンをロックしてセキュリティ対策に

離席などで一定時間パソコンを使用しないときは、セキュリティ対策として、パソコンを「ロック」しておくことをおすすめします。ロックしておけば、パソコンの電源を落とすことなく、ほかの人が盗み見たり使ったりすることを防止できます。アプリを終了する必要もありません。席に戻ったときにサインインすれば、それまで行っていた作業にすぐに戻ることができます。もちろん、ショートカットキーを使えば、一瞬でロックをかけることが可能です。

また、作業途中に**比較的長い時間パソコンが使用できない状況が生じた場合は、パソコンを一時的に停止する「スリープ」状態にしておく**とよいでしょう。スリープは電気消費を抑えられるうえ、パソコンをロックすることもできるので、セキュリティ対策としても有効です。

● パソコンをロックする方法

方法	操作
メニュー	「スタート」メニュー→「電源」→「アカウント名」→「ロック」
ショートカットキー	⊞＋Lキー

● パソコンをスリープする方法

方法	操作
メニュー	「スタート」メニュー→「電源」→「スリープ」
ショートカットキー	⊞＋Xキー→Uキー→Sキー
電源ボタン	軽く1回押す（設定による）

● Step1　パソコンをロックする

⊞+L

⊞キーを押しながらLキーを押すと、パソコンがロックされる。

MEMO

パソコンをロックしたまま一定時間使用しない状態が続くと、自動的にスリープ状態になります。設定の詳細は、「設定」→「システム」→「電源とスリープ」で確認することができます。

● Step1　パソコンをスリープする

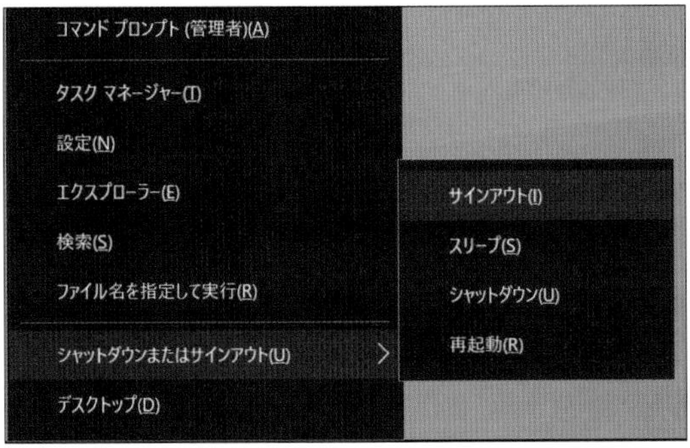

⊞+X
U
S

⊞+Xキーを押すと、スタートボタンのメニューが表示される。U→Sキーの順に押すと、パソコンがスリープ状態になる。

MEMO

パソコンの電源をオフにする（シャットダウンする）ときは、デスクトップでAltキーを押しながらF4キーを押します。「Windowsのシャットダウン」画面が表示されるので、プルダウンメニューから「シャットダウン」を選択し、Enterキーを押すとパソコンの電源をオフにできます。

2-09 右クリックメニューもキーボードから

パソコン操作では右クリックが必要な場面も多いことでしょう。右クリックして表示されるメニューも、ショートカットキーを使ってかんたんに表示できます。

アプリケーションキーで手を離さずに操作できる

エクスプローラーでのファイル操作や、WordやExcel、PowerPointでの操作など、右クリックメニューを使うケースは意外と多いものです。その都度マウスに切り替えての作業は面倒ですが、右クリックメニューのショートカットキーを覚えておけば、キーボードから手を離す必要がなく、操作も速くなります（詳しくは、P.141を参照）。

右クリックしたい場所が選択されている状態でキーを押すと、メニューが表示されます。矢印キーでメニューを選択し、Enterキーを押して実行しましょう。キーはキーボード右側のAltキーとCtrlキーの間にありますが、中にはキーがないキーボードもあります。見当たらないときは、Shift＋F10キーを押しても、同じように右クリックのメニューを表示することができます。

● キー

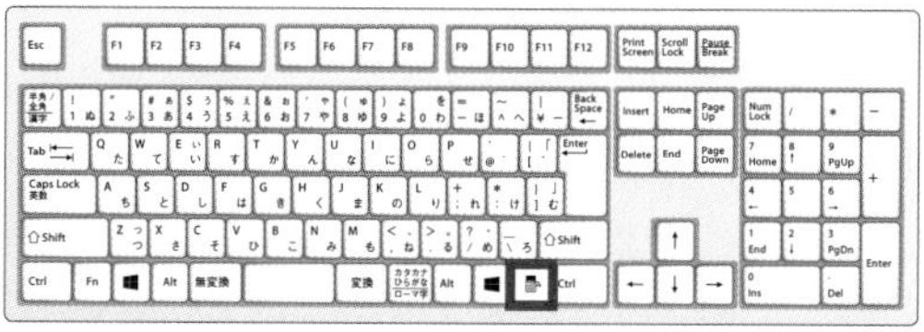

キーボード右側のAltキーとCtrlキーの間にある。

● 右クリックメニューを表示する

選択した場所でキー（またはShift＋F10キー）を押すと、右クリックのメニューが表示される。

2-10 全画面表示で集中モードに

ウィンドウを全画面表示にすると、ボタンやメニューなどが非表示になり、作業画面に集中できます。とくに画像や動画、ブラウザを閲覧するときに有効です。

作業に集中したいときは全画面表示がおすすめ

画像や動画を見たり、Microsoft EdgeやGoogle Chromeなどのブラウザを使用したりするとき、**ウィンドウを最大限大きくして表示させたければ、全画面（フルスクリーン）表示に切り替えましょう**。F11キーを押すと、余計な画面やボタンなどが非表示になり、ウィンドウが画面いっぱいに表示されるので、集中してパソコンを使用することができます。フルスクリーン表示を解除したいときは、再度F11キーを押します。

基本的に、エクスプローラーなどのWindowsアプリの場合は、F11キーでフルスクリーン表示のオン／オフを切り替えることができます。ただし、**設定アプリやWord／ExcelなどはF11キーでのフルスクリーンに対応していません**。

● 「Microsoft Edge」をフルスクリーンで表示する

F11

F11キーを押すと、フルスクリーンで表示される。再度F11キーを押すと、フルスクリーン表示が解除される。

MEMO

Microsoft Office製品では、各アプリでF11キーに操作が割り当てられています。WordでF11キーを押すと「次のフィールドにジャンプ」が実行され、ExcelでF11キーを押すと「グラフシート」にグラフが作成されます。

COLUMN
デスクトップの整理整頓

デスクトップ画面に表示されているウィンドウは、ショートカットキーを使ってかんたんに整理することができます。作業しながらでも実行できるので、必要に応じて整理整頓してみましょう。

● ウィンドウを最小化する

⊞＋M

⊞キーを押しながらMキーを押すとウィンドウが最小化される。

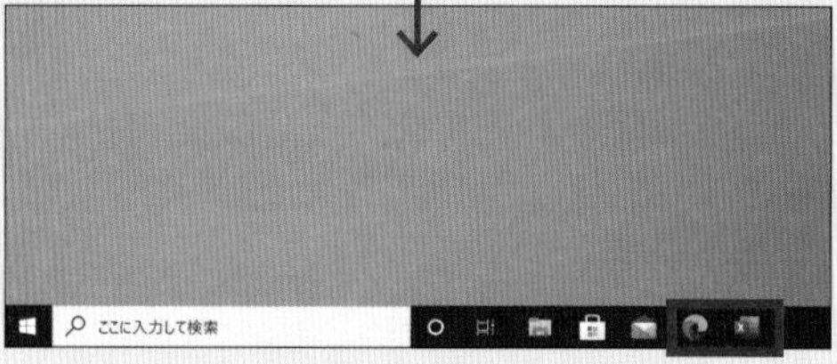

⊞＋Shift＋M

⊞キーを押しながらShiftキーとMキーを押すと、ウィンドウがもとのサイズに戻る。

また、ショートカットキーで仮想デスクトップを作って利用することもできます。仮想デスクトップとは、本来1つしかないデスクトップを、仮想環境の中で複数作成できる機能です。複数のデスクトップ画面を作成することで、作業内容に応じて画面を使い分けることができます。たとえば、資料を見ながら文書を作成するようなとき、これまでは一度画面を最小化する必要がありましたが、仮想デスクトップを活用すれば、作業環境を維持しながら同時に別の作業をすることができます。作業効率をアップするうえで有用なので、ぜひ覚えておくとよいでしょう。仮想デスクトップの切り替えや削除などもショートカットキーで行えます。

● 仮想デスクトップのショートカットキー

方法	操作
仮想デスクトップを追加する	⊞＋Ctrl＋Dキー
仮想デスクトップを切り替える	⊞＋Ctrl＋→／←キー
仮想デスクトップを削除する	⊞＋Ctrl＋F4キー

第3章

文字入力をパワーアップ

パソコン仕事の多くは文字入力です。Wordで文書を作成するにしても、Excelで表やグラフを作成するにしても、文字入力は欠かせません。仕事を効率よく進めていくためには、入力するスピードと正確性が非常に重要です。そんな文字入力も、基本的なショートカットキーを活用することで、より速く効率的に文字入力することができます。
この章では、文字入力をパワーアップさせるためのショートカットキーを紹介しています。コピー＆ペーストや文字の移動・選択といった基本的な操作をはじめ、よく使う単語を辞書に追加することで入力の手間を省いたり、文字変換を高速化して半角や全角を切り替える煩わしさを解消したりするなど、さまざまなテクニックを豊富に紹介しています。また、誤って文字を入力してしまったときや、まとめて文章を削除したいときなどに活用できるショートカットキーも解説しているので、ここでの内容を押さえて文字入力をさらに効率化しましょう。

3-11 パソコン仕事のほとんどは文字入力

パソコン操作の多くは入力作業です。ショートカットキーを使いこなせば、入力作業を効率化できるだけでなく、入力ミス防止にもつながります。キーボードでできる作業はキーボードで完結するようにしましょう。

文字入力のテクニックを覚えるべき理由

ショートカットキーには多くのソフトで共通するもの（ソフトを問わず使えるもの）と、特定のソフトでしか使えないものがあります。文字入力に関係するショートカットキーはそのほとんどが、ソフトを問わずに共通して使えます。つまりこれを覚えるだけで多くのソフトの効率化ができるのです。文字入力関連のショートカットキーは、第2章のWindowsのショートカットキーと合わせて、とくに覚えておくと効率がよいものです。

覚えておきたい文字入力のテクニック

文書を作成するにも表を作成するにも、とにかくパソコン仕事は入力作業が中心です。作業効率を上げるうえでは入力速度も重要なポイントになりますが、見落としがちなのが入力速度以外の面をどこまで効率化できるかです。文字入力といっても単純にタイピングするだけが操作ではなく、入力後に変換したり、既存の文章の特定のポイントに情報を追記したり、いらない文章を削除したりといった作業も入ってきます。

実はここに高速化の余地が大量に残っているのです。

たとえば、設定作業に不可欠な「選択」は、どうしてもマウスでやりがちですが、ショートカットキーを覚えておけば、かなりのスピードアップにつながります。文字入力関連のキーボードショートカットを覚えておくと、キーボードから手を離すことがなくなるので、入力作業そのもののスピードアップにもつながります。**ショートカットキーを使いこなせば、入力作業時に起きがちな修正対応を効率化したり、入力ミスそのものを防いだりすることができます。**

カーソルの移動と文字の選択に使えるショートカットキー

ショートカットキー	操作
Home	カーソルを行の先頭に移動させる
End	カーソルを行の末尾に移動させる
Ctrl+Home	カーソルを文頭へ移動させる
Ctrl+End	カーソルを文末へ移動させる
↑↓←→	カーソルを上下左右に移動させる
Shift+←	カーソル位置から左の文字列を選択する
Shift+→	カーソル位置から右の文字列を選択する
Shift+↑	カーソル位置から上の行まで文字を選択する
Shift+↓	カーソル位置から下の行まで文字を選択する
Ctrl+A	すべての項目を選択する
Shift+Home	カーソルの位置から行頭まで選択する
Shift+End	カーソルの位置から行末まで選択する
Ctrl+Shift+Home	カーソルの位置から文頭まで選択する
Ctrl+Shift+End	カーソルの位置から文末まで選択する

移動／選択についての詳細は、Sec.13を参照。

文字列の操作に関連するショートカットキー

ショートカットキー	操作
Ctrl+A	全選択する
Ctrl+X	選択した部分を切り取る
Ctrl+C	選択した部分をコピーする
Ctrl+V	切り取りやコピーした部分を貼り付ける
Ctrl+Z	操作をもとに戻す
Ctrl+Y	操作をやり直す
Ctrl+S	上書き保存する
Ctrl+F	文字列を検索する

MEMO

Home／Endキーは、文字入力ではかなり便利なキーですが、ノートパソコンなど一部のキーボードでは用意されていないこともあります。この場合も複数のキーの組み合わせでHome／Endキーと同じ機能をすることがあるので、使い方を調べることをおすすめします。

3-12 文字入力の効率化はコピー＆ペースト

パソコンで文書や表を作成するとき、「切り取り」と「コピー」は欠かせません。ショートカットキーを使うと、マウスでの操作で起こりがちな失敗もなく、一段と快適にその力を発揮します。

コピー＆ペーストもショートカットキーでらくらく

パソコンで文書や表などを作成するとき、同じ内容をコピーして再利用したり、文字を別の場所に移動（切り取り＆貼り付け）させたりすることがあります。どのアプリを使っていても必ず一度は行う操作といっても過言ではありません。文字のコピーや移動は、ドラッグや右クリックなど、マウスを使ったさまざまな方法で実現できますが、**いちばん楽で間違いのない方法はショートカットキーを使うこと**です。「コピーしたつもりが別の場所に移動していた」「ドラッグに失敗して思うところに移動できなかった」といった、**マウス操作で発生していた問題を解消することができます**。

Step1　文字列を選択して「コピー」する

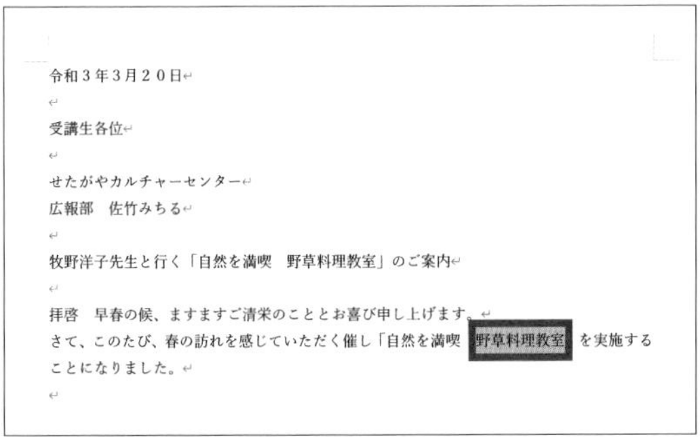
令和３年３月２０日

受講生各位

せたがやカルチャーセンター
広報部　佐竹みちる

牧野洋子先生と行く「自然を満喫　野草料理教室」のご案内

拝啓　早春の候、ますますご清栄のこととお喜び申し上げます。
さて、このたび、春の訪れを感じていただく催し「自然を満喫　野草料理教室を実施することになりました。

Shift ＋ →

Shift キーを押しながら → キーを押して、文字列を選択する。

Ctrl ＋ C

Ctrl キーを押しながら C キーを押して、選択した文字列をコピーする。

Shift ＋ ←

文字の選択範囲を狭くしたいときは、Shift ＋ ← キーを使って調整できます。マウスを使って範囲選択した場合も同様の操作が可能です。反対に広くしたいときは、Shift ＋ → キーを使って調整します。

Step2　貼り付けたい場所にカーソルを移動する

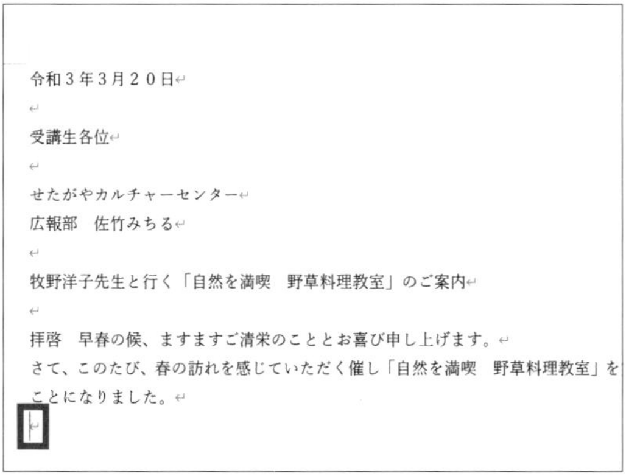
令和３年３月２０日

受講生各位

せたがやカルチャーセンター
広報部　佐竹みちる

牧野洋子先生と行く「自然を満喫　野草料理教室」のご案内

拝啓　早春の候、ますますご清栄のこととお喜び申し上げます。
さて、このたび、春の訪れを感じていただく催し「自然を満喫　野草料理教室」を
ことになりました。

[↓]

[↓]キーを押して、カーソルを次の段落に移動する。

Step3　選択した文字列を貼り付ける

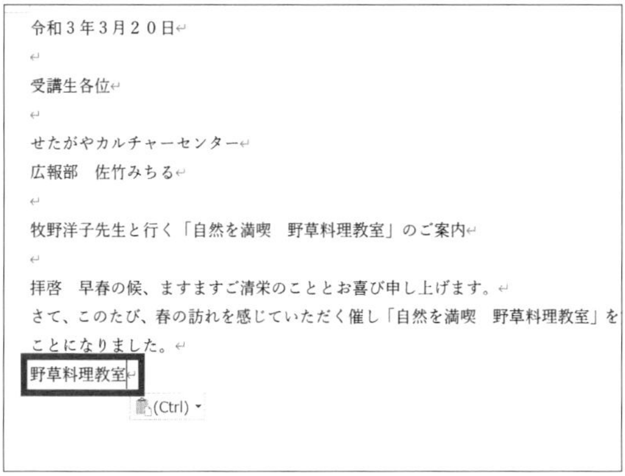
令和３年３月２０日

受講生各位

せたがやカルチャーセンター
広報部　佐竹みちる

牧野洋子先生と行く「自然を満喫　野草料理教室」のご案内

拝啓　早春の候、ますますご清栄のこととお喜び申し上げます。
さて、このたび、春の訪れを感じていただく催し「自然を満喫　野草料理教室」を
ことになりました。
野草料理教室
(Ctrl)

[Ctrl]＋[V]

[Ctrl]キーを押しながら[V]キーを押して、コピーした文字列を貼り付ける。

MEMO

数多くあるショートカットキー操作ですが、とくに基本となるのが[Ctrl]+[X]キー（切り取り）、[Ctrl]+[C]キー（コピー）、[Ctrl]+[V]キー（貼り付け）です。そのままの操作はもちろんのこと、「切り取り」と「貼り付け」は移動、「コピー」と「貼り付け」はくり返しの入力にも活用できます。[Ctrl]キーは左側のキーを左小指で、[X][C][V]キーは左人差し指で押すとスムーズです。最初からたくさんのショートカットキー操作を覚えることはとても大変ですが、まずはこの3つを押さえておくだけでも、パソコン仕事がぐんと楽になります。さっそく、今日から取り入れてみましょう。

3-13 文字の移動／選択にマウスを使わない

文頭や文末、文字や段落の先頭や末尾など、基準になる位置にカーソルを移動させたいときにもショートカットキーが有効です。ただし、操作しづらくなるようなときは、マウスの力も借りましょう。

長い文章もストレスなく編集できる

長い文書を作成しているときに面倒なのがカーソルの移動です。移動範囲が広くなればなるほど厄介です。そのようなときは、ショートカットキーを活用しましょう。たとえば、カーソルを文頭に移動させたいときはCtrl＋Homeキー、文末に移動させたいときはCtrl＋Endキーを押すことで、一瞬で移動が完了します。

なお、移動させたい先が「先頭」や「末尾」といった基準になる場所でないときは、キーボードだと矢印キーが必須です。矢印キーは慣れれば高速に操作できますが、慣れないうちはマウスほど自由にはカーソルを動かせません。また矢印キーを操作しようとするとどうしてもホームポジションが崩れるため、効率は多少落ちます。マウスのほうが効率的にカーソルを移動できるシーンも少なくありません。作業を効率化するために、マウスの力を借りることも必要になるでしょう。

● 矢印キーとホームポジション

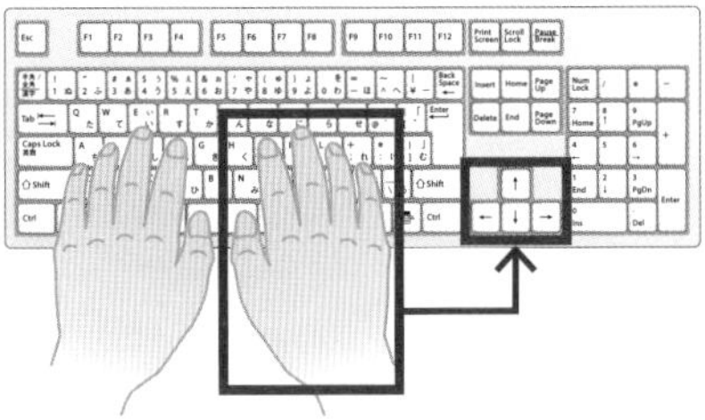

矢印キーを使う場合は、一度ホームポジションから手を離さなければならない。入力しながらの作業の場合は、かえって効率が悪くなることも考えられる。ときにはマウスを併用するのも真の効率化には欠かせない。

Step1　カーソルを文書の先頭に移動する

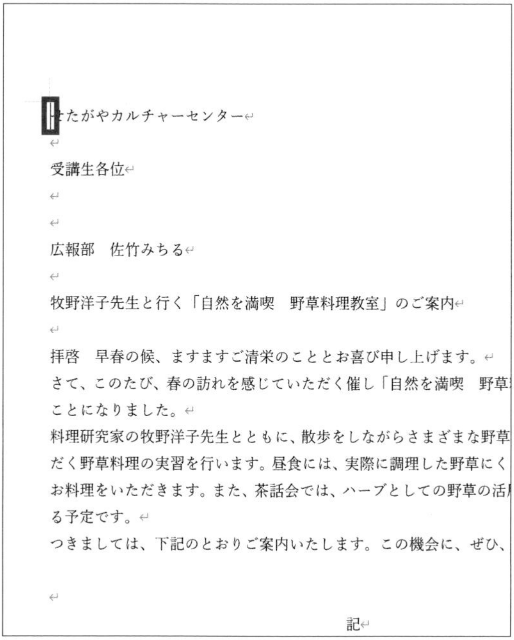
せたがやカルチャーセンター

受講生各位

広報部　佐竹みちる

牧野洋子先生と行く「自然を満喫　野草料理教室」のご案内

拝啓　早春の候、ますますご清栄のこととお喜び申し上げます。
さて、このたび、春の訪れを感じていただく催し「自然を満喫　野草
ことになりました。
料理研究家の牧野洋子先生とともに、散歩をしながらさまざまな野草
だく野草料理の実習を行います。昼食には、実際に調理した野草にく
お料理をいただきます。また、茶話会では、ハーブとしての野草の活
る予定です。
つきましては、下記のとおりご案内いたします。この機会に、ぜひ、

記

Ctrl ＋ Home

Ctrlキーを押しながらHomeキーを押すと、カーソルが文書の先頭に移動する。

Step2　文字列を選択する

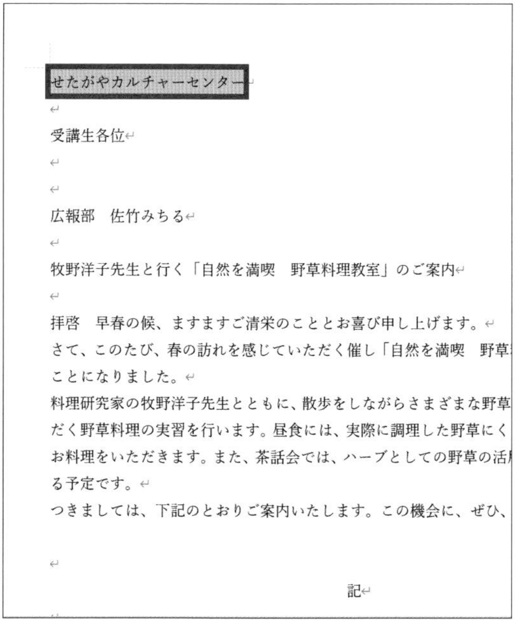
せたがやカルチャーセンター

受講生各位

広報部　佐竹みちる

牧野洋子先生と行く「自然を満喫　野草料理教室」のご案内

拝啓　早春の候、ますますご清栄のこととお喜び申し上げます。
さて、このたび、春の訪れを感じていただく催し「自然を満喫　野草
ことになりました。
料理研究家の牧野洋子先生とともに、散歩をしながらさまざまな野草
だく野草料理の実習を行います。昼食には、実際に調理した野草にく
お料理をいただきます。また、茶話会では、ハーブとしての野草の活
る予定です。
つきましては、下記のとおりご案内いたします。この機会に、ぜひ、

記

Shift ＋ →

Shiftキーを押しながら→キーを押して、文字列を選択する。

Ctrl ＋ X

Ctrlキーを押しながらXキーを押して、選択した文字列を切り取る。

Step3　貼り付けたい場所にカーソルを移動させる

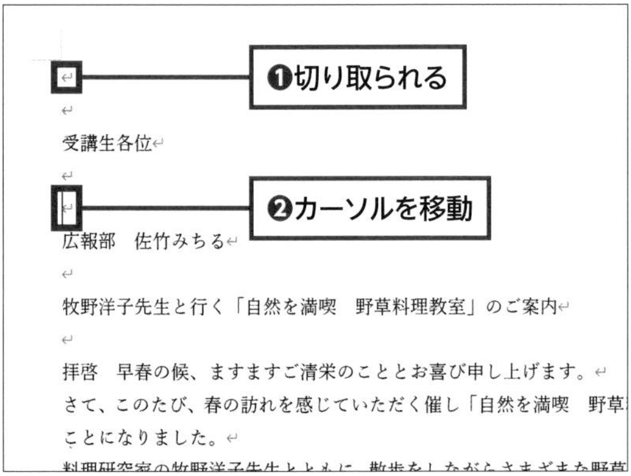

❶切り取られる
受講生各位
❷カーソルを移動
広報部　佐竹みちる
牧野洋子先生と行く「自然を満喫　野草料理教室」のご案内
拝啓　早春の候、ますますご清栄のこととお喜び申し上げます。
さて、このたび、春の訪れを感じていただく催し「自然を満喫　野草
ことになりました。

↓

データが切り取られる（❶）。↓キーを4回押してカーソルを移動させる（❷）。

Step4　切り取った文字列を貼り付ける

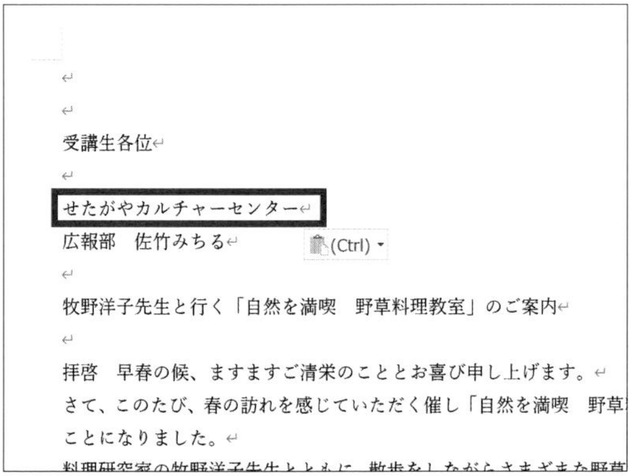

受講生各位
せたがやカルチャーセンター
広報部　佐竹みちる
(Ctrl)
牧野洋子先生と行く「自然を満喫　野草料理教室」のご案内
拝啓　早春の候、ますますご清栄のこととお喜び申し上げます。
さて、このたび、春の訪れを感じていただく催し「自然を満喫　野草
ことになりました。

Ctrl＋V

Ctrlキーを押しながらVキーを押して、切り取った文字列を貼り付ける。

MEMO

ショートカットキーで切り取った文字列や画像は、別の文字列や画像を切り取ったりコピーしたりするか、そのアプリを終了するまで、何度でも貼り付けることができます。ただし、Excelでは切り取ったセルを貼り付けられるのは一度限りです。Excelではコピーで代用するのも手です。

Ctrl + Z

誤って切り取ってしまった文字列をもとに戻したいときは、Ctrl+Zキーを押して「元に戻す」を実行すると、切り取る前の状態に戻ります。

キーを組み合わせてクリップボードを表示する

クリップボードは、一時的にコピーしたデータを保存できる場所です。今までコピーされた複数の項目の中から必要なものを、指定した場所に貼り付けて再利用することができます。

● Step1　「クリップボード」を表示する

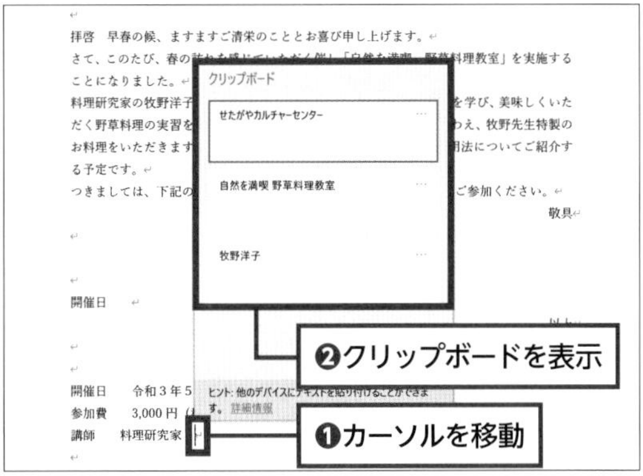

⊞+V

貼り付けたい場所にカーソルを移動させる（❶）。⊞キーを押しながらVキーを押すと、「クリップボード」が表示される（❷）。

● Step2　クリップボードにコピーされた項目を貼り付ける

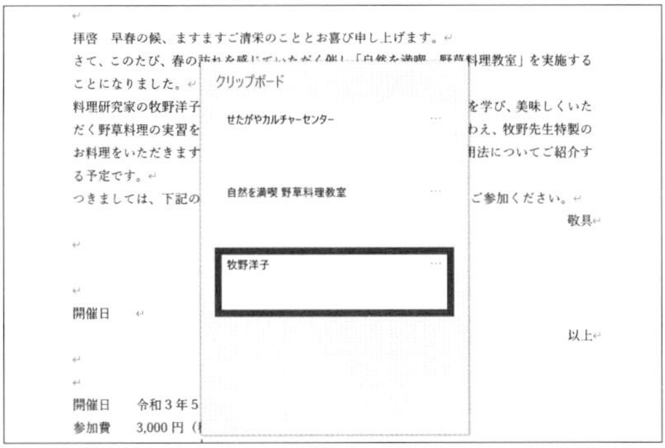

↓
Enter

↓キーを押して貼り付ける項目にフォーカスを移動させ、Enterキーを押して貼り付ける。

MEMO

クリップボードでコピーされた項目を表示するには、クリップボードをあらかじめ有効にしておく必要があります。⊞+Vキーを押して「クリップボード」を表示すると、初回起動時には「履歴を表示できません」と表示されます。その下にある「有効にする」を押すと、クリップボードの保存履歴が表示され、データを貼り付けることができるようになります。

3-14 とにかく用語は辞書に追加

「よみ」と「単語」を登録して変換を改善する「単語の登録」機能を活用すると、長く難しい名前やアルファベットを含む会社名なども一発で変換できます。ショートカットキーではないですが高速化に重要です。

頻繁に使う用語は登録して時短につなげる

会社名や名前、製品名など、かんたんに変換できない用語の入力で苦労したことは一度はあることでしょう。もちろん、一度入力しておいて、コピー&ペーストをくり返して使うことはできますが、長い文書を作成しているときや頻繁に使うようなとき、その都度変換していては手間がかかり、結果的に時間のロスにつながりかねません。

そこで有効なのが「単語の登録」機能です。**入力が面倒な語句の「よみ」と「単語」をあらかじめ登録しておくことで、変換候補に表示されるようになります**。また、最初の数文字を入力するだけで候補が表示される「短縮よみ」で登録することもできます。さらに、すでに入力されている語句を選択してから登録すると、単語を一から入力する必要がなくなります。

● Step1 「単語の登録」ダイアログボックスを表示する

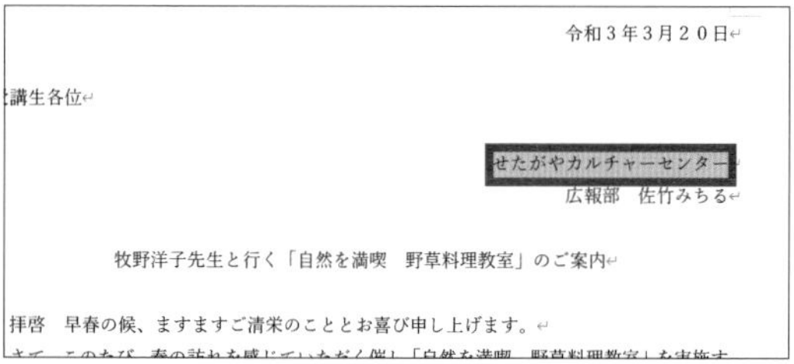
令和３年３月２０日
講生各位
せたがやカルチャーセンター
広報部　佐竹みちる
牧野洋子先生と行く「自然を満喫　野草料理教室」のご案内
拝啓　早春の候、ますますご清栄のこととお喜び申し上げます。

Ctrl + F7

登録したい単語をあらかじめ範囲選択しておく。Ctrlキーを押しながらF7キーを押して、「単語の登録」ダイアログボックスを表示する。

MEMO

「単語の登録」ダイアログボックスは、日本語入力システムがオン（日本語が入力可能な状態）のときのみ表示されます。Excelやブラウザを開いているときなどはとくに注意が必要です。キーを押す前に確認しましょう。

Step2　単語の情報を入力する

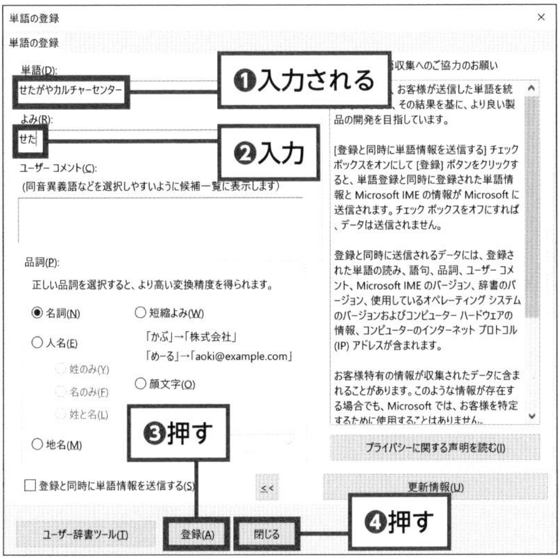

Tab
Enter

あらかじめ範囲選択した文字列が「単語」に入力される（❶）。「よみ」に単語の入力に使う読み仮名を入力する（❷）。Tabキーを押してフォーカスを「登録」に移動させ、Enterキーを押す（❸）。Tabキーを押してフォーカスを「閉じる」に移動させ、Enterキーを押す（❹）。ダイアログボックスの操作に慣れないうちはもちろんマウスの操作でも問題ない。

MEMO

「品詞」はとくに設定しなくても自動的に設定されます。たとえば、「よみ」が3文字までの単語は、「短縮よみ」として登録されます。なお、設定する品詞によって候補の順位が変わることがあります。

Step3　登録した単語を入力する

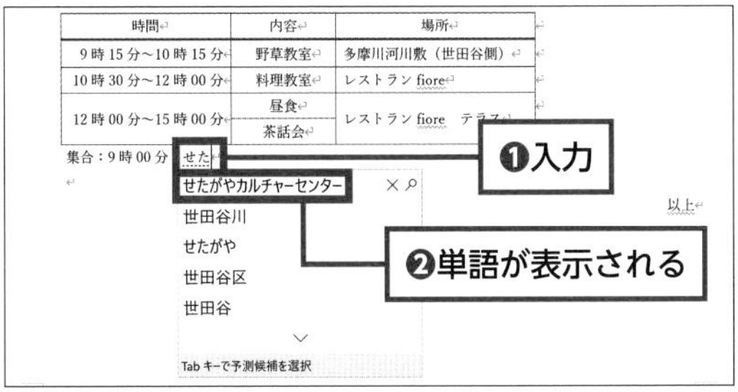

Space
Enter

よみを入力する（❶）。候補の一覧の最上位に登録した単語が表示される（❷）。Spaceキーを押して、Enterキーを押して確定する。

MEMO

「単語の登録」ダイアログボックスがCtrl+F7キーで表示されるのは、Windows 10の機能です。それ以前のWindowsの場合は、Ctrl+F10キーでショートカットメニューを表示し、「単語の登録」を選択します。

3-15 文字変換の基本を押さえて高速化

日本語入力では変換のスピードも欠かせません。

ショートカットキーを活用して変換を快適に

変換は効率化できるポイントが少なくありません。文字変換の[Tab]キーと[Space]（[変換]）キーの違いを確認しましょう。[Tab]キーは予測候補からの変換、[Space]（[変換]）キーは変換候補からの変換ということで動作が違います。

● Step1　文字を変換する（予測候補）

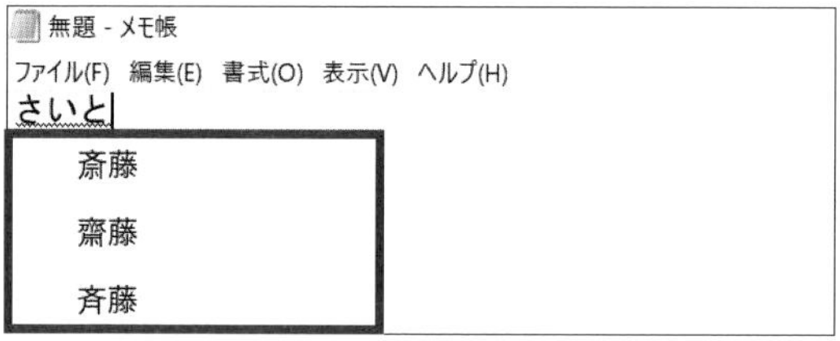

文字を入力すると、予測候補一覧が表示される。

● Step2　予測候補の一覧に移動する

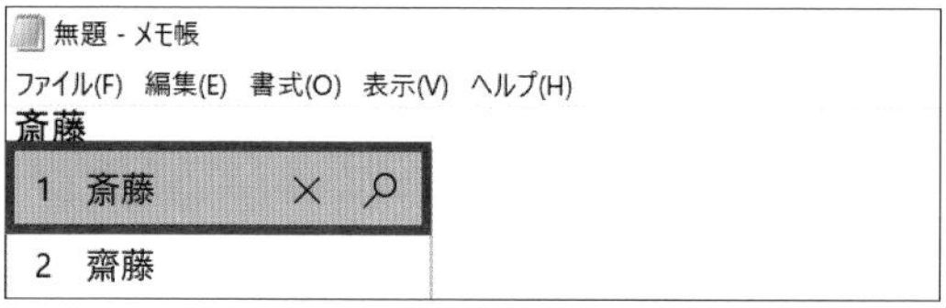

[Tab]

[Tab]キーを押すと、一覧のいちばん上の予測候補にフォーカスが移動する。

● Step3　変換を確定する

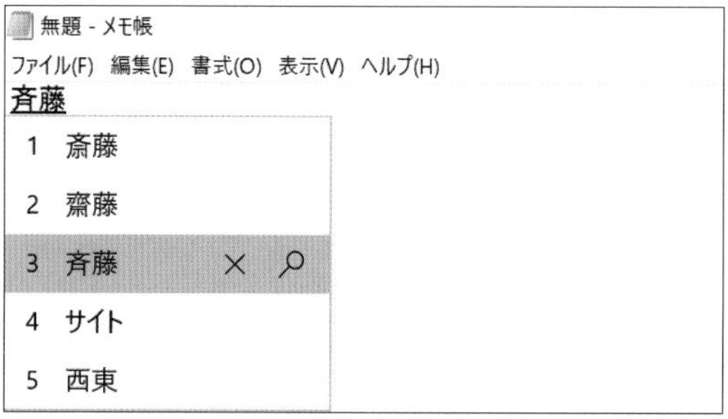

[Tab]
[Shift]＋[Tab]

[Tab]キーを押すと下方向に、[Shift]キーを押しながら[Tab]キーを押すと上方向に移動する。[Enter]キーで確定する。ここでは「さいと」まで入力したので「齋藤」や「サイト」などが予測候補に表示されている。

通常の変換を利用する

Step1　文字を変換する（変換候補）

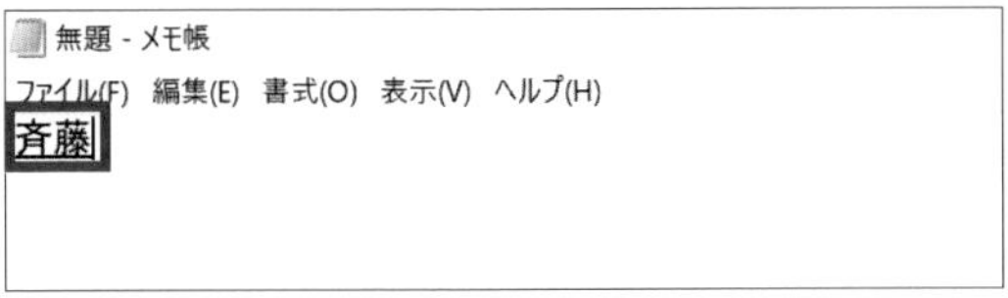

Space

文字を入力して、Space（変換）キーを押すと別の文字に変換される。

Step2　変換候補の一覧に移動する

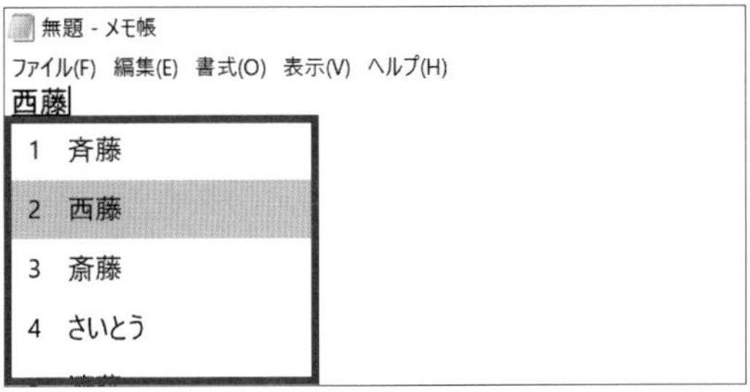

Space
Shift ＋ Space

もう一度Spaceキーを押すと、変換候補一覧が表示される。Spaceキーを押すと下方向に、Shiftキーを押しながらSpaceキーを押すと上方向に移動する。

Step3　変換を確定する

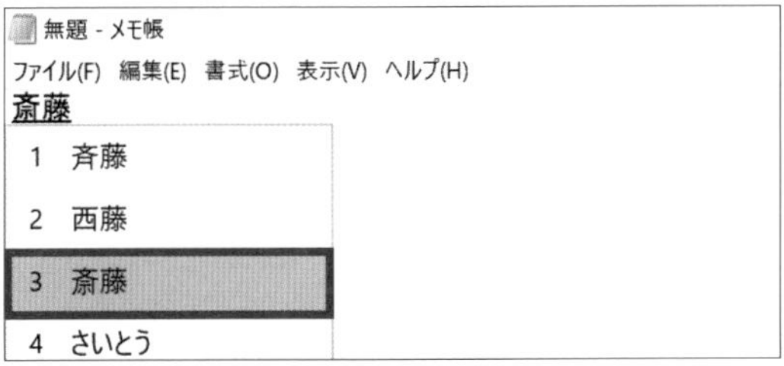

Enter

Enterキーを押して変換を確定する。

MEMO

文字を入力後、Tabキーだと予測候補、Space（変換）キーだと変換候補から選べます。予測候補は単純な変換ではなく、予測も含んだ候補が表示されます。

MEMO

変換候補一覧に表示されている番号を数字キーで押すと、その番号に対応した候補に変換されます。たとえばここでは、2キーを押すと「西藤」に変換されます。変換したい候補に一気にジャンプできるので便利です。

覚えておきたい変換の効率化

● Step1　確定した漢字を別の漢字に再変換する

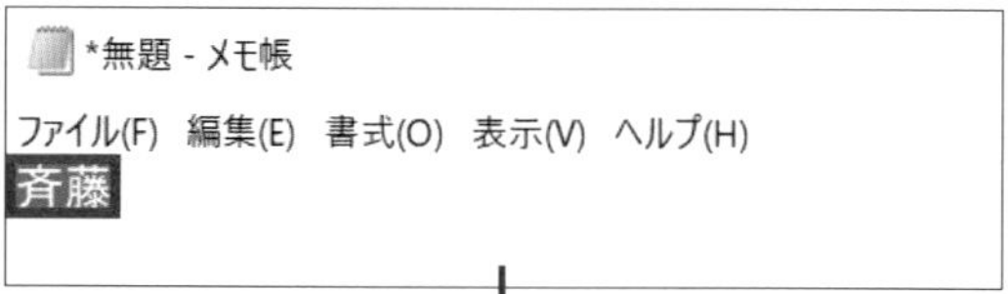

Shift + →

Shift キーを押しながら → キー（または ← キー）を押して、再変換したい文字列を選択する。

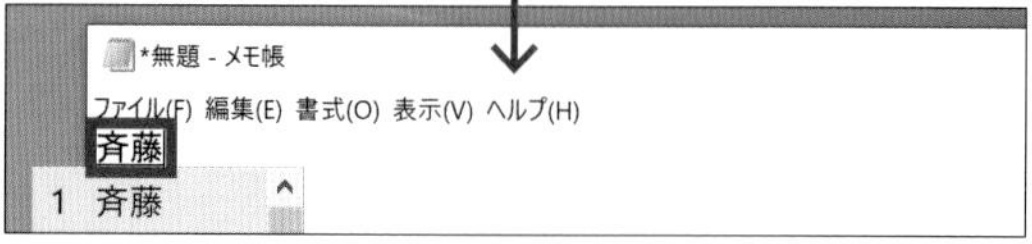

変換

変換 キーを押して、選択部分を再度変換する。

Esc

変換を取り消すときは、Esc キーを押しましょう。なお、Esc キーを2回押すと入力そのものを取り消すことが可能です。入力した文字にミスがあったときや、変換した文字に目的の変換候補がなかったときなどに便利です。

● Step2　別の漢字を選択する

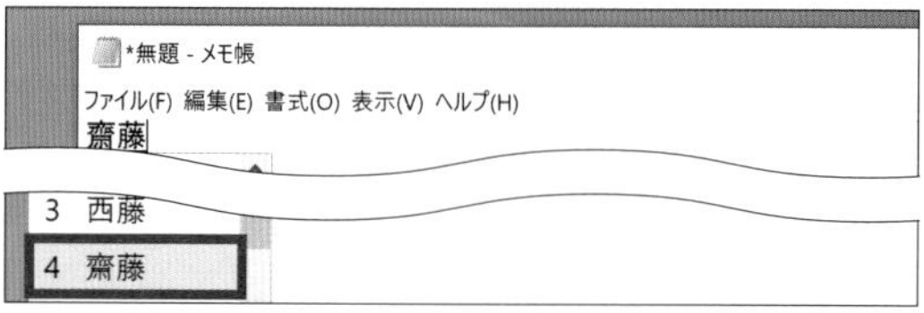

Space

Space キーを押して、フォーカスを「齋藤」に移動する。

Tab ／ Shift + Tab ／ Space ／ Shift + Space

変換候補の移動は Tab ／ Shift + Tab キー（予測候補）や Space ／ Shift + Space キー（変換候補）のほかに矢印キーでも可能です。

● Step3　変換を確定する

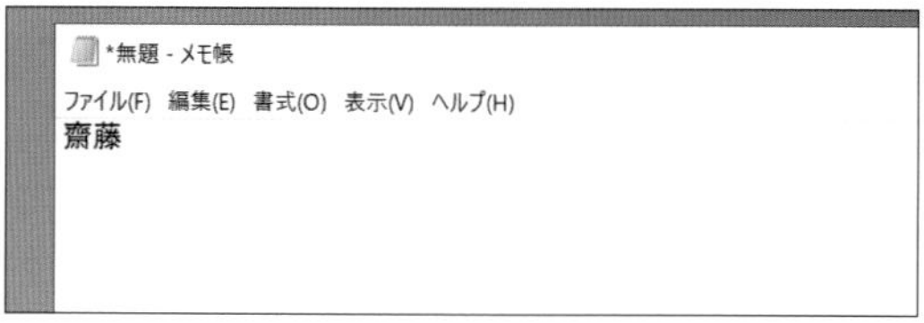

Enter

Enter キーを押して確定する。なお、Enter キーを押さず、そのまま入力を再開しても、変換は自動的に確定される。

Step4　変換した文章の文節を変更する

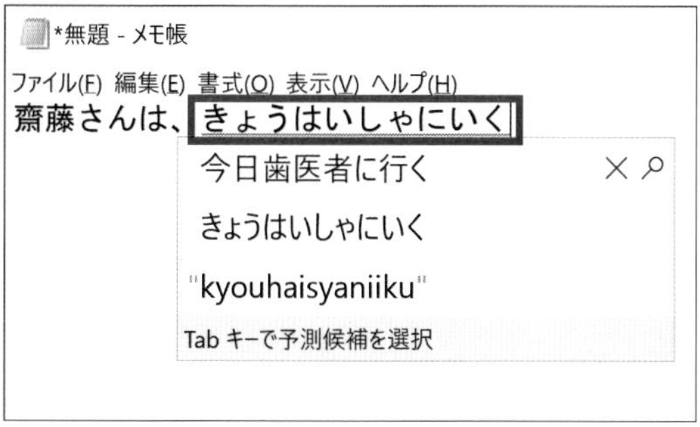

Space

「きょうはいしゃにいく」と入力し、Spaceキーを押す。

Step5　文節の区切りを変更する

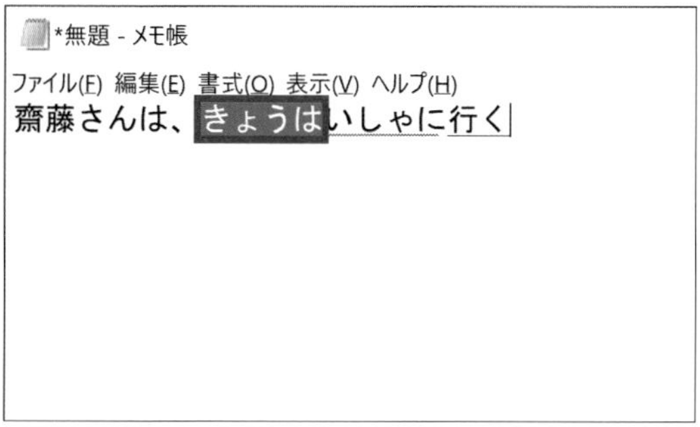

Shift ＋ →

Shiftキーを押しながら→キーを押して、「きょう」で区切られている文節を「きょうは」に変更する。

MEMO

文章を入力してSpaceキーを押すと、文章に下線が表示されます。少し太めの下線が現在変換可能な文節で、→または←キーを使って別の文節にフォーカスを移動させることで、文節ごとに変換していくことができます。

Step6　変更した文節で変換する

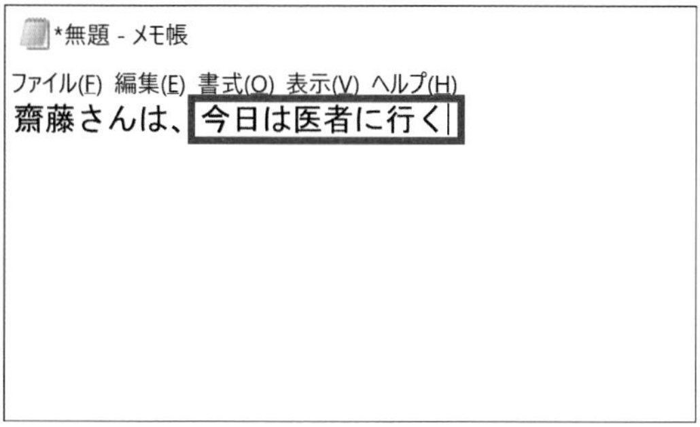

Space
Enter

Spaceキーを押して変換し、Enterキーを押して確定する。

3-16 文字変換を速くする秘密のテクニック

特定の種類の文字に変換するためのショートカットキーをマスターすれば、Spaceキーを押し続ける必要がなくなります。少ない工程でさくっと変換して、さらにスピード化を図りましょう。

カタカナに変換する

カタカナには「半角」と「全角」があります。全角のカタカナに変換したいときはF7キー（またはCtrl+Iキー）を、半角のカタカナに変換したいときはF8キー（またはCtrl+Tキー）を押します。

全角カタカナに変換する

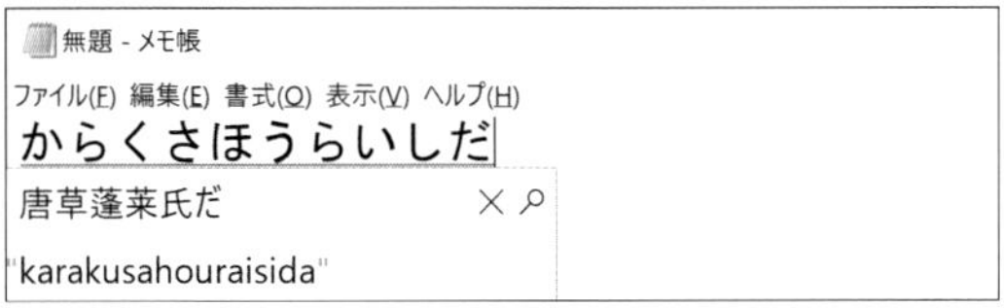

F7

文字を入力してF7キーを押すと、全角カタカナに変換される。

半角カタカナに変換する

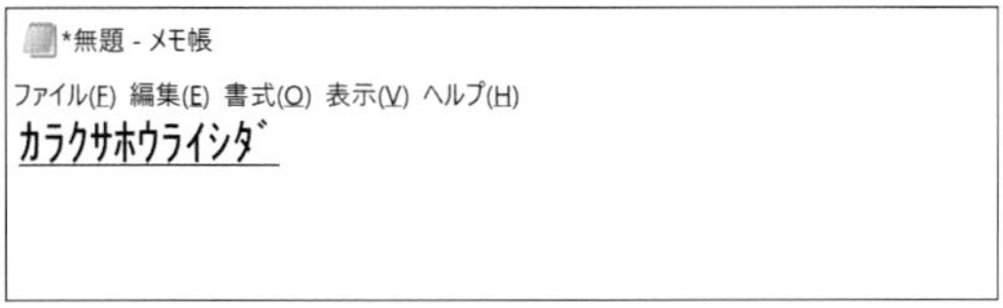

F8

F8キーを押すと、半角カタカナに変換される。

MEMO

F7やF8キーを1回押すとカタカナに変換され、2回以上押すとカタカナの文字列の末尾の文字から、押した回数分だけひらがなに変換されていきます。

アルファベットに変換する

英数字には「半角」と「全角」があります。全角のアルファベットに変換したいときは[F9]キー（または[Ctrl]+[P]キー）を、半角のアルファベットに変換したいときは[F10]キー（または[Ctrl]+[O]キー）を押します。

● 全角英数字に変換する

[F9]

[F9]キーを押すと、全角英数字に変換される。

● 半角英数字に変換する

[F10]

[F10]キーを押すと、半角英数字に変換される。

MEMO

[F9]や[F10]キーを1回押すと小文字の英数字に、2回以上押すと大文字の英数字→頭文字だけ大文字の英数字→小文字の英数字の順に変換されていきます。

[無変換]

[無変換]キーを1回押すと全角カタカナに、2回押すと半角カタカナに、3回押すとひらがなに変換されます。[F7]～[F10]キーを押して変換しても、入力を確定する前であれば、[無変換]キーを押して切り替えることができます。

[Shift]+[A]～[Z]

[Shift]+[A]～[Z]キーを押すと、押したアルファベットを大文字にすることができます。頭文字を大文字にしたいときなどに有効です。

3-17 文字削除の使い分け

文字は1文字ずつ削除することもできますが、長い文章はまとめて選択して削除したほうが効率的です。マウスで消したい箇所をドラッグするのもよいですが、キーボードのほうが速くて正確なケースもあります。

カーソル移動で消したい箇所を正確に

文字の削除は、カーソルの右側（後）にある文字を削除する Delete キーを使う方法と、カーソルの左側（前）にある文字を削除する BackSpace キーを使う方法の２種類があります。いずれも1文字ずつ削除されるため、短い文字列を修正したい場合には便利ですが、広範囲の文字列を削除したいときはかえって時間がかかり、あまり効率的ではありません。

そこで有効なのが、削除したい範囲をあらかじめ選択して、まとめて削除する方法です。**Shift ＋→（または←）キーを押して削除したい範囲を選択しておけば、1文字ずつではなく、長い文章もあっという間に削除することができます**。また、選択後に Enter キーや文字キーを押せば、範囲選択した位置に改行や文字を入力することもできます。

Step1　文字列を範囲選択する

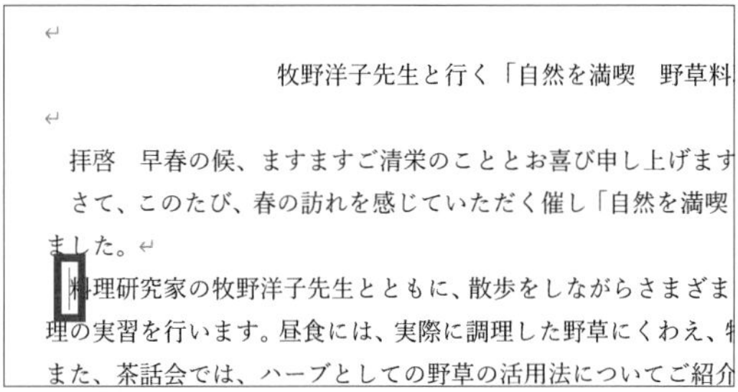

牧野洋子先生と行く「自然を満喫　野草料
拝啓　早春の候、ますますご清栄のこととお喜び申し上げます
さて、このたび、春の訪れを感じていただく催し「自然を満喫
ました。
料理研究家の牧野洋子先生とともに、散歩をしながらさまざま
理の実習を行います。昼食には、実際に調理した野草にくわえ、特
また、茶話会では、ハーブとしての野草の活用法についてご紹介

Shift ＋→

範囲選択する文字列の先頭にカーソルを移動させ、Shift キーを押しながら→キー（または←キー）を押して、削除したい文字列を選択する。

Shift ＋↓／↑

Shift ＋↓／↑キーを使うと、行単位で範囲選択できます。すばやい範囲指定に役立ちます。

Step2　範囲選択した文字列を削除する

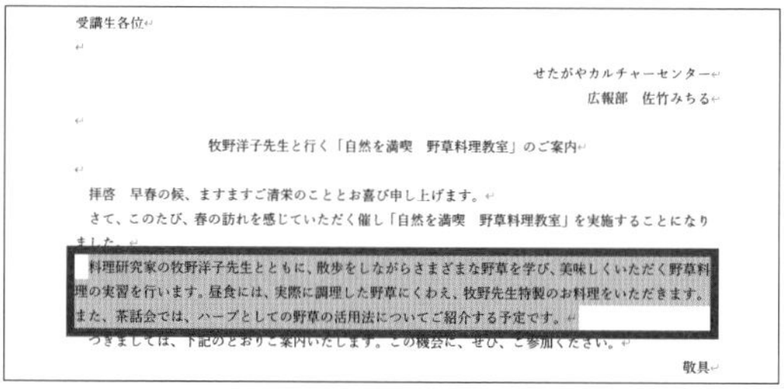
受講生各位

せたがやカルチャーセンター
広報部　佐竹みちる

牧野洋子先生と行く「自然を満喫　野草料理教室」のご案内

拝啓　早春の候、ますますご清栄のこととお喜び申し上げます。
さて、このたび、春の訪れを感じていただく催し「自然を満喫　野草料理教室」を実施することになりました。
料理研究家の牧野洋子先生とともに、散歩をしながらさまざまな野草を学び、美味しくいただく野草料理の実習を行います。昼食には、実際に調理した野草にくわえ、牧野先生特製のお料理をいただきます。また、茶話会では、ハーブとしての野草の活用法についてご紹介する予定です。
つきましては、下記のとおりご案内いたします。この機会に、ぜひ、ご参加ください。
敬具

Delete

Deleteキーを押して削除する。選択範囲がまとめて削除される。

Back Space

Back Spaceキーを使っても、同じように選択された範囲をまとめて削除することができます。

Step3　範囲選択した文字列が削除される

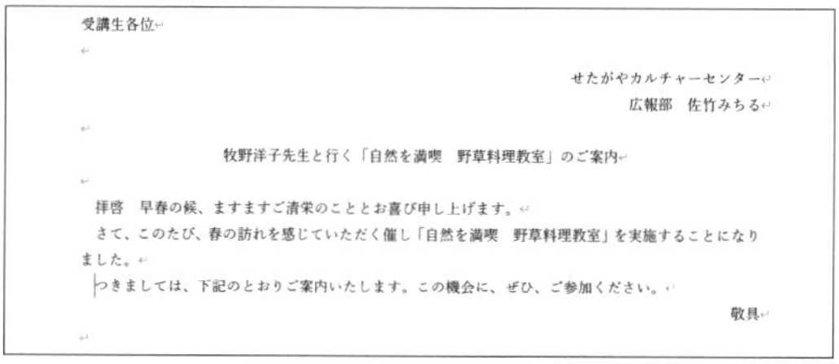
受講生各位

せたがやカルチャーセンター
広報部　佐竹みちる

牧野洋子先生と行く「自然を満喫　野草料理教室」のご案内

拝啓　早春の候、ますますご清栄のこととお喜び申し上げます。
さて、このたび、春の訪れを感じていただく催し「自然を満喫　野草料理教室」を実施することになりました。
つきましては、下記のとおりご案内いたします。この機会に、ぜひ、ご参加ください。
敬具

選択した範囲の文字列が削除される。

MEMO

範囲選択した部分を別の文字列に変更したい場合は、範囲選択後に必要な文字列を入力するだけで、入力内容を上書きすることができます。「選択→削除→入力」の作業工程を、「選択→入力」に減らすことができるので、修正のスピードアップにつながります。

F8

WordやExcelにおける文字入力では、次のような操作も可能です。F8キーを押すと、「拡張選択モード」になります。Wordの場合、拡張選択モードにしておくと、キーボードで入力された文字・記号まで選択範囲が拡張されます。Excelの場合、矢印キーを押した分だけセルが範囲選択されます。なお、このモードを解除したいときは、Escキーを押します。

COLUMN
ノートパソコンでF1～F12が使えない！

キーボードのいちばん上に配置されているF1～F12キーは、「ファンクションキー」と呼ばれています。ファンクションキーには、ヘルプを表示したり、文字を変換したり、スピーカーの音量やディスプレイの明るさを設定したり、ブラウザ上では最新の状態に更新したりできるなど、さまざまな機能が割り当てられています。

しかし、キーの配置に制限のあるノートパソコンでは、これらの機能が使えないことがあります。また、突然ファンクションキーが反応しなくなるケースもあるかもしれません。そのようなときは、「Fn Lock」が機能し、ファンクションキーがロックされている場合があります。

● ファンクションキーのロック／ロック解除

Fn＋Esc

Fnキーを押しながらEscキーを押す。パソコンによって操作が違うこともあるのでマニュアルを参照して確認したい。

キーボード左上のEscキーには鍵マークが付いており、鍵マークの中に「Fn」が記載されています。パソコンによっては「FnLK」と記載されていたり、そもそも存在しなかったりすることもあります。

FnキーとEscキーを押すと、ファンクションキーのロック／ロック解除を切り替えることができます。ファンクションキーはボタン1つで操作できるため利便性が高く、作業を効率化するうえで欠かせません。

第4章

プロがやっている Excelの高速技

文字入力の多くはショートカットキーで実行できます。それはソフトウェアにおいても同様です。とくにExcelでは、同じ内容の入力作業をくり返す操作も少なくありません。いちいちマウスに手を伸ばして、リボン（メニューバー）からコマンドをクリックしたり、カーソルで表の範囲選択をしたりしていると、作業スピードが落ちるばかりです。しかし、Excelのショートカットキーを覚えると、作業効率を格段に上げることができます。
この章では、Excelでスムーズに操作を行うためのショートカットキーを紹介しています。選択した部分の切り取り＆コピーのような基本的な操作をはじめ、リボンへの高速アクセスや主要機能を実行するショートカットキーをまとめて紹介します。また、表作りやデータ分析など、Excel機能を活用する際に使えるショートカットキーや、同じ操作をくり返す操作なども集めました。もちろん、いきなりすべてを覚えて使いこなすのは大変ですから、必要なショートカットキーの操作から始めて、徐々に効率化を図りましょう。

4-18 Excelはキーボードだけで操作できる

Excelは、マウスで操作するソフトウェアという印象があるかもしれません。しかし、書式設定や表計算、グラフの作成、データ分析などExcel特有の操作であっても、ショートカットキーで実行することができます。

作業効率がぐんと上がるショートカットキー

Excelでは、ほとんどの操作をショートカットキーで実行することができます。意外かもしれませんが、いつも使っているリボン（メニューバー）のコマンドも、マウスでクリックする必要はありません。キーボードだけで操作できるのです。

たとえば、表の作成時に欠かせない書式設定や表計算、Excelの特徴的な機能であるグラフの作成やデータ分析などの操作も、ショートカットキーでかんたんに実行できます。Excelではシンプルな入力操作をくり返す作業が少なくありません。わざわざマウスに持ち替えて、リボンから機能を操作したり、カーソルを動かして範囲選択したりしていると、時間がかかるばかりです。だからこそ、マウスを使う時間を減らし、キーボード操作に専念するだけで、多くの時間を捻出できる可能性もあるのです。よく使う操作は、ぜひ覚えて使いこなしていきましょう。

● 基本操作に便利なショートカットキー

ショートカットキー	操作
Ctrl+X	選択した部分の切り取り
Ctrl+C	選択した部分のコピー
Ctrl+V	切り取りやコピーした部分の貼り付け
Ctrl+Z	操作をもとに戻す
Ctrl+Y	操作をやり直す
F12	名前を付けて保存
Ctrl+S	上書き保存
Ctrl+P	印刷

セルの削除やコピー、表・グラフの作成など、さまざまな機能をキーボード操作を覚えるだけで、あっという間に呼び出すことができます。周囲との差も付けながら「快適に」Excelでの作業を行えるよう、必要な操作から身に付けましょう。

● 入力が速くなる

表の作成にしろグラフの作成にしろ、Excelではまずデータの入力から始まります。文字や数字などの入力に手間取っていては、次の作業に進めません。そこで覚えておきたいのが、Enterキーと Tabキーです。文字入力後Enterキーを押すと下のセルへ、Tabキーを押すと右のセルへ移動します。さらに組み合わせると、自動でちょうどよい位置に移動するようになります。

Step 1　入力後に右のセルに移動する

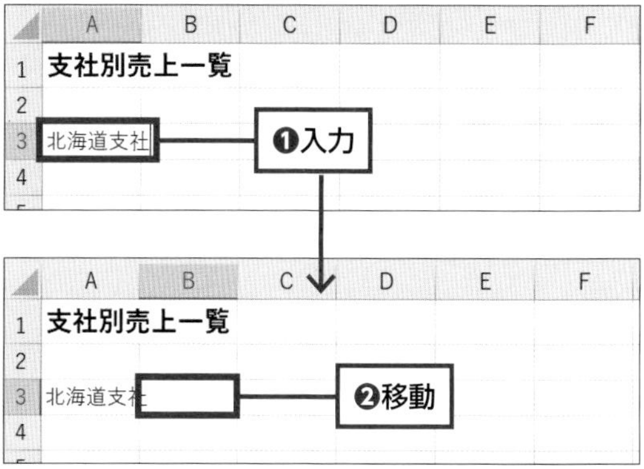

Tab

セルに文字を入力し（❶）、Tabキーを押すと、右のセルに移動する（❷）。

Step 2　入力後に下のセルに移動する

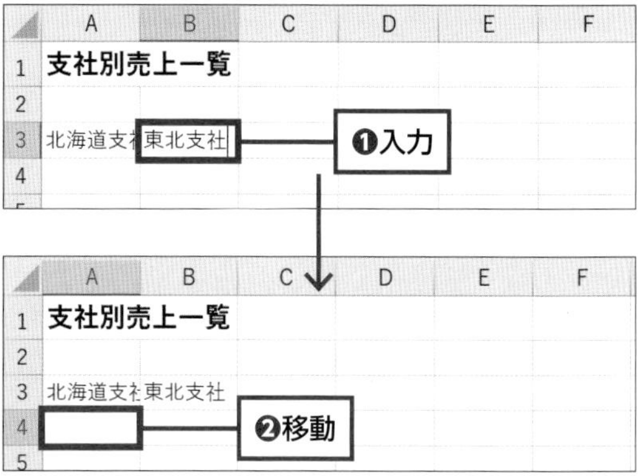

Enter

セルに文字を入力し（❶）、Enterキーを押すと、最初に入力したセル（ここではA3）の真下に移動する（❷）。

4-19 主要機能に高速アクセス

よく使う操作を可能な限りかんたんに、すばやく実行できるようにしておくと、仕事のスピードアップにつながります。「クイックアクセスツールバー」など、便利な機能は積極的に使っていきましょう。

リボンにすばやくアクセスする

Excelでできるほぼすべての操作は「リボン（メニューバー）」に収められています。リボン内の「タブ」や「コマンド」にはキーが割り当てられており、表示されたキーの中から任意のキーを押すことで、マウスでクリックするときと同じように操作を実行できます。**「タブ」や「コマンド」にどのキーが割り当てられているかは、Alt キーを押して確認します。**

● Step1　割り当てられたキーを確認する

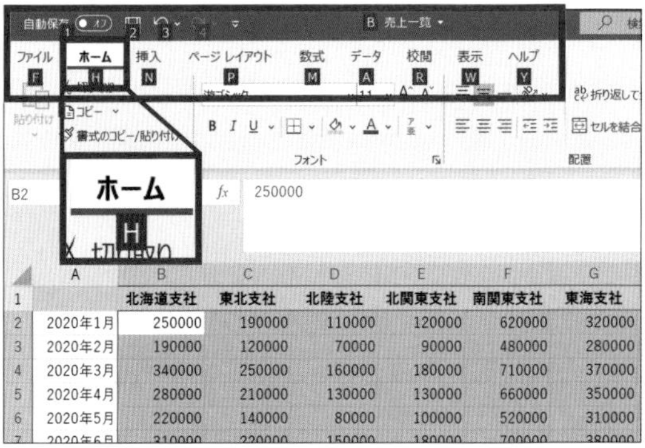

あらかじめセル範囲を設定しておく。

Alt

Altキーを押す。タブや機能ごとに割り振られたキーが表示される。

H

Hキーを押して、「ホーム」タブを開く。

● Step2　リボンの操作を実行する（桁区切りスタイルを追加）

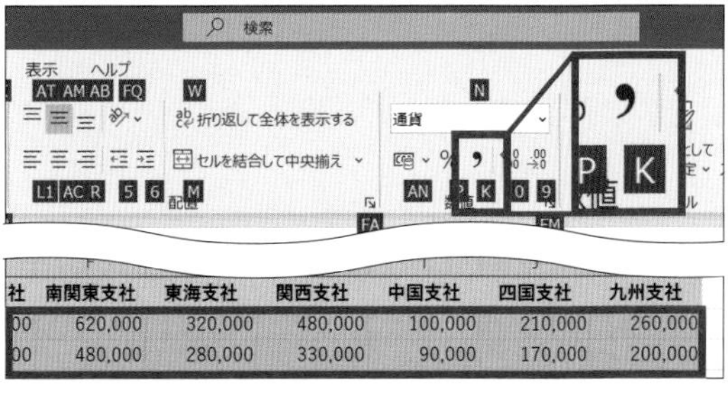

K

Kキー（「桁区切りスタイル」）を押すと、選択したセルに「桁区切りスタイル」が設定される。

よく使う操作はクイックアクセスツールバーに追加する

「クイックアクセスツールバー」は、Excelの機能をウィンドウの最上部に表示する機能です。クイックアクセスツールバーに項目を追加すると、すばやくクリックできるだけでなく、ショートカットキーでも高速に利用できます。

● Step1　追加したい操作のボタンを右クリックする

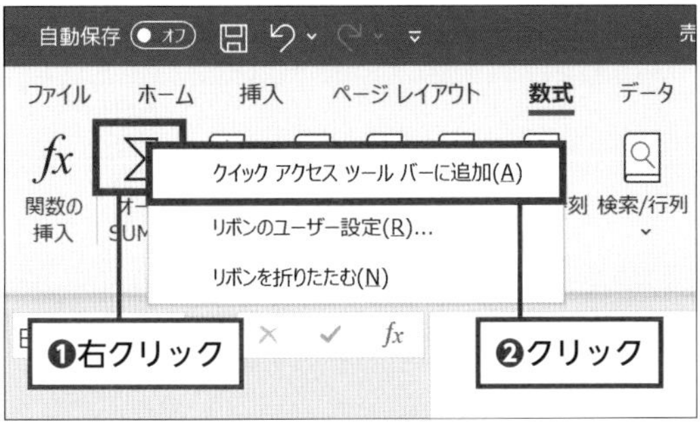

追加したい操作（ここでは「合計」）のコマンドの上で右クリックする（❶）。＜クイックアクセスツールバーに追加＞をクリックする（❷）。

● Step2　クイックアクセスツールバーにコマンドが追加される

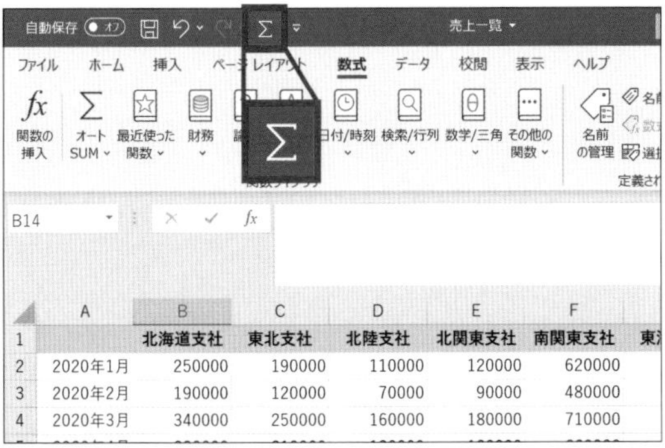

クイックアクセスツールバーに、Σ（「合計」）が追加される。

MEMO

クイックアクセスツールバーの▼をクリックすると、「クイックアクセスツールバーのユーザー設定」が表示されます。「新規作成」のほか、「開く」「印刷」など、よく使う操作を追加することが可能です。なお、クイックアクセスツールバーの表示項目はここから非表示にもできます。

● Step3　追加した「合計」を実行する

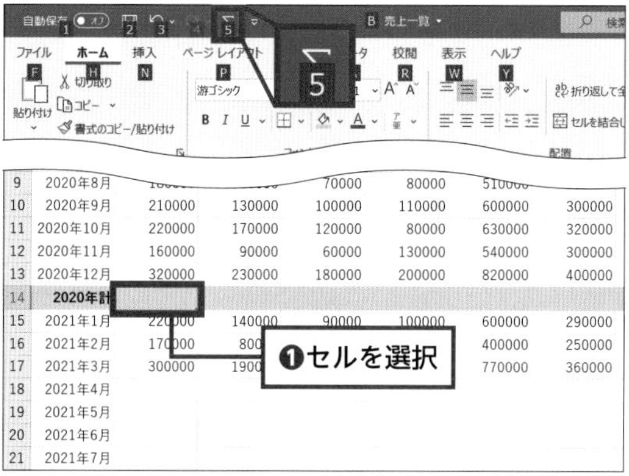

合計を出したいセルを選択する（❶）。

Alt

Altキーを押して、割り当てられたキーを表示する。

5

ここでは5キーを押して、「合計」を実行する。SUM関数が挿入される。

MEMO

クイックアクセスツールバーに追加した操作は、Alt＋数字キーで実行できるようになります。数字は左から順に割り振られます。なお、Altキーを押した時点で操作できないボタンの番号は、薄く（グレーアウト）表示されます。

● Step4　SUM関数を確定する

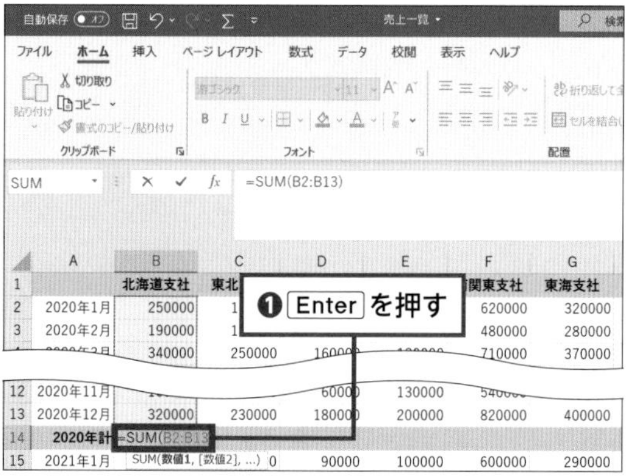

Enter

Enterキーを押して、確定する（❶）。

MEMO

クイックアクセスツールバーに追加したSUM関数はAlt＋Shift＋=キーの同時押しでも実は利用できます。クイックアクセスツールバーに追加しておくと、Altキーを押せばショートカットキーを覚えていなくても使えるので便利です。

MEMO

「クイックアクセスツールバー」に追加しておくと便利なコマンドはいくつかありますが、基本的には「よく使うけれど、覚えやすいショートカットキーがないもの」がよいでしょう。具体的には、「クイック印刷（印刷プレビューなしですぐに印刷できるコマンド）」や、「図の挿入」などが使いやすく、おすすめです。

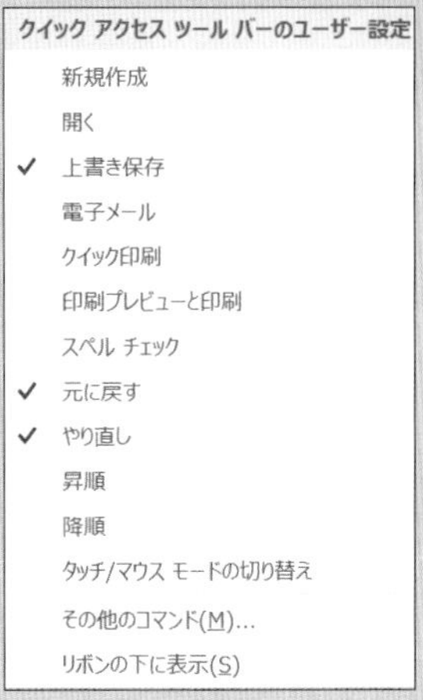

MEMO

「クイックアクセスツールバー」のコマンドは、「Excelのオプション」の「クイックアクセスツールバー」からも確認、追加、削除することができます。「Excelのオプション」は、「ファイル」タブ内の＜その他…＞→＜オプション＞の順にクリックすると表示されます。

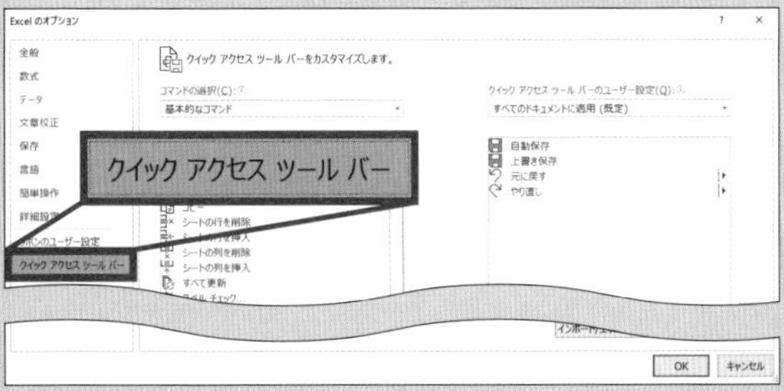

なお、「クイックアクセスツールバー」に追加したコマンドをすぐに削除したい場合は、削除したいコマンドの上を右クリック（❶）し、＜クイックアクセスツールバーから削除＞をクリック（❷）します。

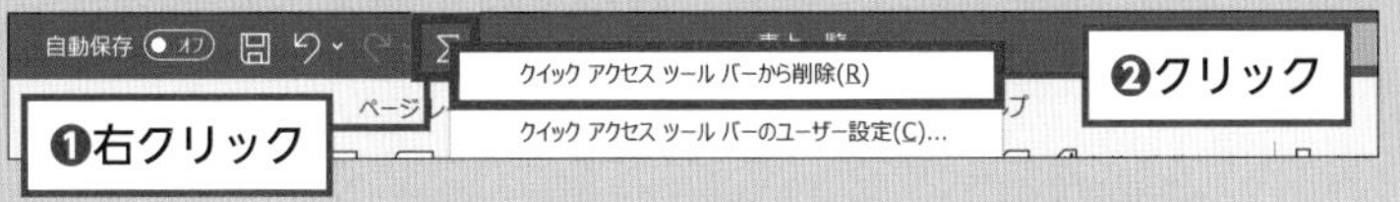

4-20 セル移動／選択がすべてを決める

セルのすばやい移動や選択が、効率化の肝ともいえます。操作によっては、複数の方法があるので、自分にとっていちばん使いやすいものを選択しましょう。

上下左右に移動する

Excelでもっとも多く行う操作は、セルの移動でしょう。セルの移動は上下左右の矢印キーでも行えますが、複数のセルが範囲選択されているときは操作が異なります。

選択範囲によってショートカットキーを使い分けていては手間がかかるため、**基本的にはEnterキーとTabキーの操作とShiftキーの組み合わせを使用**し、徹底的に覚えるようにしましょう。

● セルを下方向に移動する

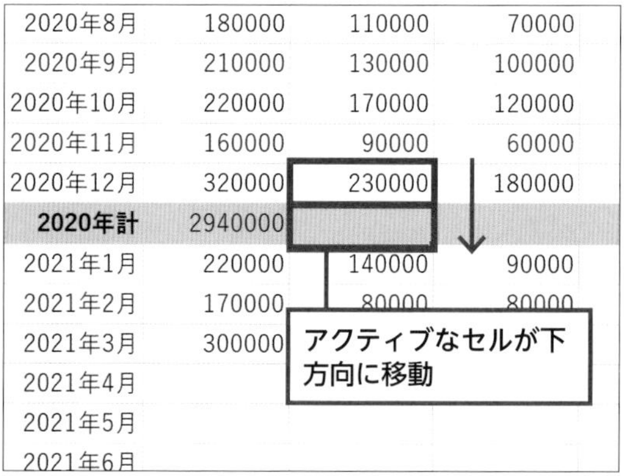

Enterキーを押すとアクティブなセル（操作対象のセル）が下方向に移動する。

● セル移動に使えるショートカットキー

ショートカットキー	操作
Enter	セルを下方向へ移動（↓）
Shift＋Enter	セルを上方向へ移動（↑）
Tab	セルを右方向へ移動（→）
Shift＋Tab	セルを左方向へ移動（←）

表の端に移動する

表の先頭、末尾、左端、右端にそれぞれセルを移動させたいときは、Ctrlキーと移動したい方向の矢印キーを組み合わせて押します。とくに大きな表を作成しているときは、便利です。

表と認識される範囲は、文字が入力されているエリアだけです。空白のセルがあった場合、列や行の端には移動せず、文字が入力されている範囲の端のセルに移動します。これで、表内の空白セルを探すこともできます。

● Step1　セルを表の左端に移動する

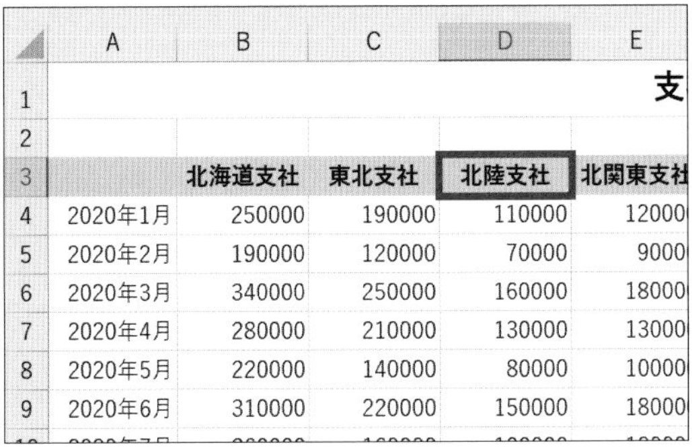

	A	B	C	D	E
1					支
2					
3		北海道支社	東北支社	北陸支社	北関東支社
4	2020年1月	250000	190000	110000	12000
5	2020年2月	190000	120000	70000	9000
6	2020年3月	340000	250000	160000	18000
7	2020年4月	280000	210000	130000	13000
8	2020年5月	220000	140000	80000	10000
9	2020年6月	310000	220000	150000	18000

Ctrl＋←

Ctrlキーを押しながら←キーを押す。

● Step2　アクティブなセルが左端のセルに移動

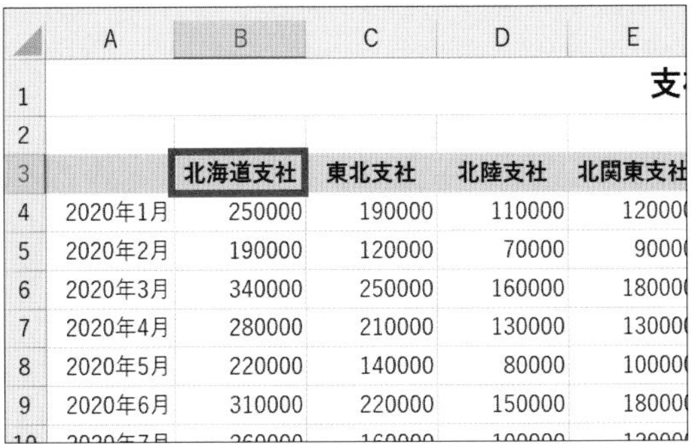

	A	B	C	D	E
1					支
2					
3		北海道支社	東北支社	北陸支社	北関東支社
4	2020年1月	250000	190000	110000	12000
5	2020年2月	190000	120000	70000	9000
6	2020年3月	340000	250000	160000	18000
7	2020年4月	280000	210000	130000	13000
8	2020年5月	220000	140000	80000	10000
9	2020年6月	310000	220000	150000	18000

アクティブなセルが文字入力された範囲の左端のセルに移動する。

● 表の端のセルに移動するときに便利なショートカットキー

ショートカットキー	操作
Ctrl＋↑	先頭行のセルに移動
Ctrl＋↓	末尾行のセルに移動
Ctrl＋→	右端列のセルに移動
Ctrl＋←	左端列のセルに移動

行や列をまとめて選択する

ショートカットキーを使うと、行や列単位でも一発で選択できます。選択したセルから、上下左右の複数の行や列をまとめて選択することも可能です。Ctrl＋Spaceキーで列（縦方向のセル）全体を選択できます。セルをまとめて選択することで削除やコピーが楽になります。

● Step1　列全体を選択する

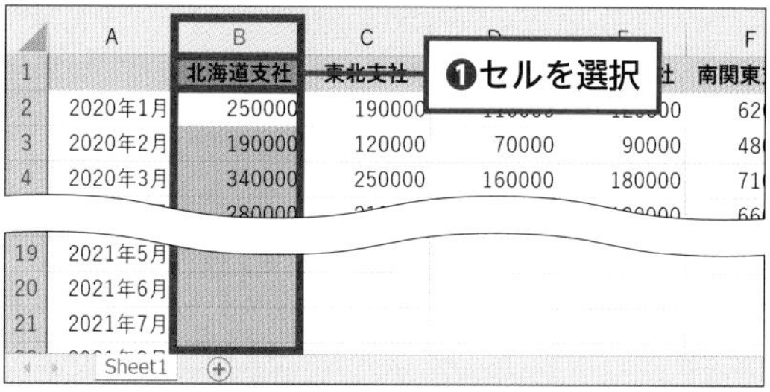

選択したい列内のセルをアクティブにする（❶）。

Ctrl ＋ Space

Ctrlキーを押しながらSpaceキーを押して、列全体を選択する。

Shift ＋ Space

Shift＋Spaceキーを押すと、アクティブなセルのある行（横方向のセル）全体を選択できます。なお、全角入力時は選択できないので半角／全角キーで適宜切り替えます。

● Step2　右隣の列全体もまとめて選択する

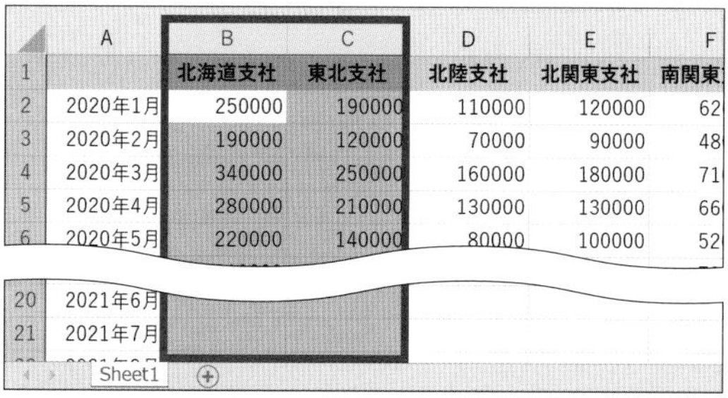

Shift ＋ →

Shiftキーを押しながら→キーを押して、右隣の列も選択する。

MEMO

Shift＋矢印キーを使うと、選択されたセルの上下左右のセルもまとめて選択できます。複数の列や行の全体をまとめて選択したい場合は、範囲を上下左右一気に選択できるので、作業の時短にもつながり、便利です。

表全体を選択する

表全体を選択したいときは、ショートカットキーを利用するのがベストです。**表内のセルをアクティブにして、Ctrl+Aキーを押すだけでかんたんに選択することができます**。

Step1 表内のセルをアクティブにする

選択したい表内のセルをアクティブにする（❶）。

Step2 表全体を選択する

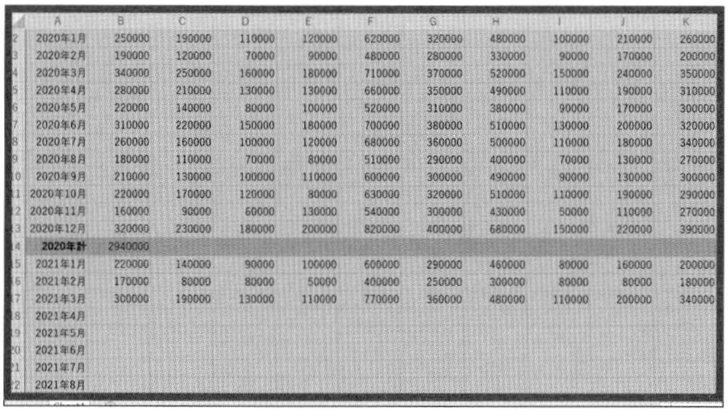

Ctrl + A

Ctrlキーを押しながらAキーを押して、表全体を選択する。

Ctrl + Shift + :

Ctrl + Shift + :キーを押すと、データが入力されている範囲全体を選択できます。なお、Ctrl + Aキーも同様の操作ですが、こちらは2回押すとワークシート全体も選択することができます。

表内の範囲選択のときに役立つショートカットキー

ショートカットキー	操作
Ctrl + A	入力されたデータの全体を選択／2回押すとワークシート全体を選択
Ctrl+Shift +↑	入力されたデータの先頭まで選択
Ctrl+Shift +↓	入力されたデータの末尾まで選択
Ctrl+Shift +→	入力されたデータの左端まで選択
Ctrl+Shift +←	入力されたデータの右端まで選択

隣接しないセルを複数選択する

「選択内容の追加または削除」モードにすると、矢印キーを使って隣接しない2か所のセルを一度に選択することができます。複数のセルに同じ設定をしたいときなどに有効です。

● Step1　「選択内容の追加または削除」モードにする

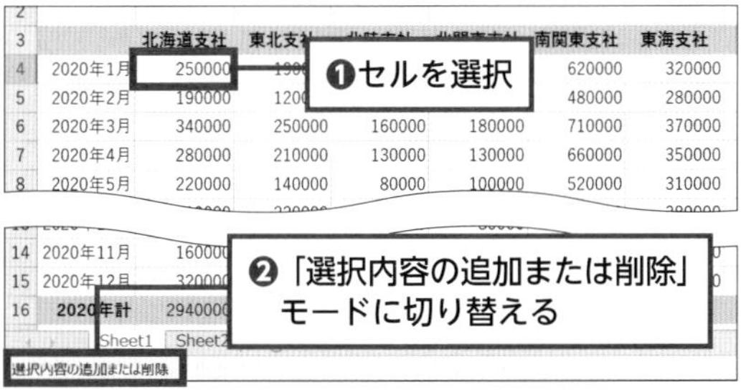

1つ目のセルを選択する（❶）。

Shift ＋ F8

Shiftキーを押しながらF8キーを押して、「選択内容の追加または削除」モードに切り替える（❷）。

Esc

Escキーを押すと「選択内容の追加または削除」モードが解除されます。

● Step2　もう1つのセルを選択する

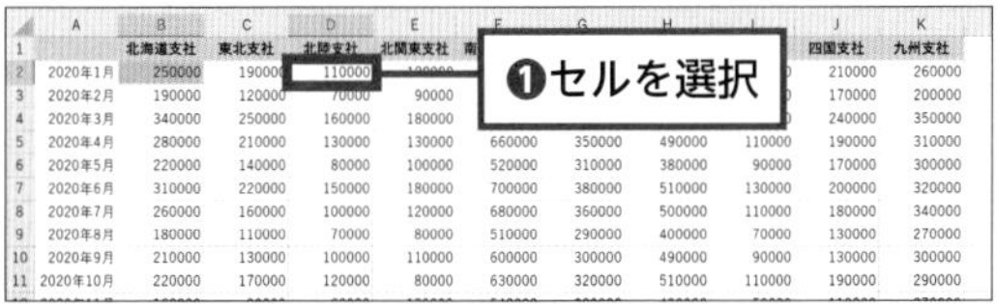

Enter

別のセルに移動し、Enterキーを押して選択する（❶）。

● Step3　任意の場所に貼り付ける

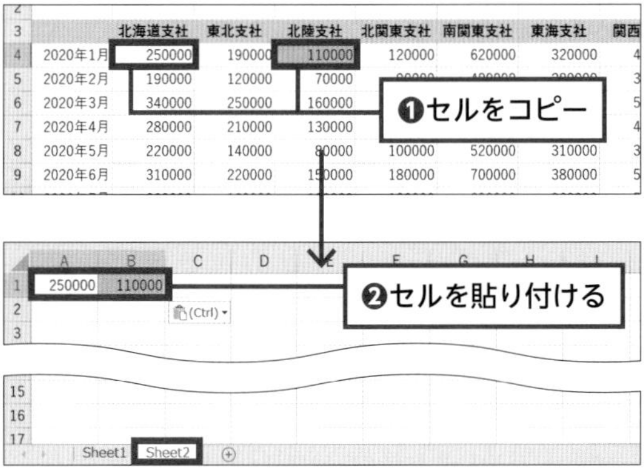

Ctrl ＋ C

Ctrlキーを押しながらCキーを押して、選択した複数のセルをコピーする（❶）。

Ctrl ＋ V

Ctrlキーを押しながらVキーを押して、任意の場所（ここではSheet2）に選択した複数のセルを貼り付ける（❷）。

指定したセルに移動する

すばやく目的のセルに移動するときは、「ジャンプ」機能を使いましょう。「ジャンプ」ダイアログボックスにセル番地を入力し、Enter キーを押すと、瞬時に指定したセルに移動できます。

● Step1 「ジャンプ」ダイアログボックスを表示する

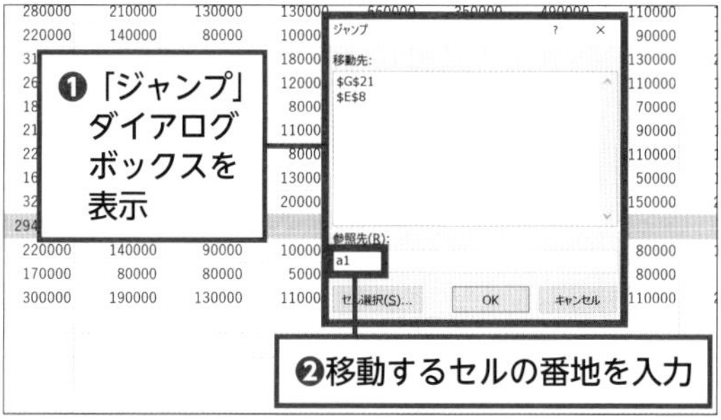

Ctrl ＋ G

Ctrl キーを押しながら G キーを押すと、「ジャンプ」ダイアログボックスが表示される（❶）。「参照先」に移動したいセルの番地（A1など）を入力する（❷）。

● Step2 入力したセル番地にジャンプする

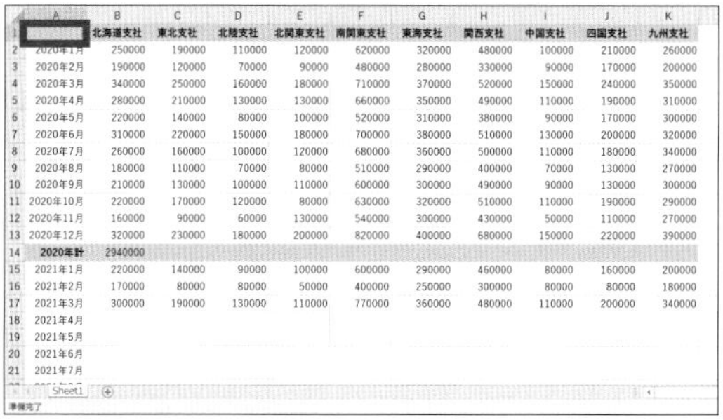

	A	B	C	D	E	F	G	H	I	J	K
1		北海道支社	東北支社	北陸支社	北関東支社	南関東支社	東海支社	関西支社	中国支社	四国支社	九州支社
2	2020年1月	250000	190000	110000	120000	620000	320000	480000	100000	210000	260000
3	2020年2月	190000	120000	70000	90000	480000	280000	330000	90000	170000	200000
4	2020年3月	340000	250000	160000	180000	710000	370000	520000	150000	240000	350000
5	2020年4月	280000	210000	130000	130000	660000	350000	490000	110000	190000	310000
6	2020年5月	220000	140000	80000	100000	520000	310000	380000	90000	170000	300000
7	2020年6月	310000	220000	150000	180000	700000	380000	510000	130000	200000	320000
8	2020年7月	260000	160000	100000	120000	680000	360000	500000	110000	180000	340000
9	2020年8月	180000	110000	70000	80000	510000	290000	400000	70000	130000	270000
10	2020年9月	210000	130000	100000	110000	600000	300000	490000	90000	130000	300000
11	2020年10月	220000	170000	120000	80000	630000	320000	510000	110000	190000	290000
12	2020年11月	160000	90000	60000	130000	540000	300000	430000	50000	110000	270000
13	2020年12月	320000	230000	180000	200000	820000	400000	680000	150000	220000	390000
14	2020年計	2940000									
15	2021年1月	220000	140000	90000	100000	600000	290000	460000	80000	160000	200000
16	2021年2月	170000	80000	80000	50000	400000	250000	300000	80000	80000	180000
17	2021年3月	300000	190000	130000	110000	770000	360000	480000	110000	200000	340000
18	2021年4月										
19	2021年5月										
20	2021年6月										
21	2021年7月										

Sheet1
準備完了

Enter

Enter キーを押すと、入力したセル番地に移動する。

MEMO

「ジャンプ」ダイアログボックスでは、セル番地だけでなく、セルやセル範囲に定義された「名前」を使ってジャンプすることもできます。名前を付けたい範囲をあらかじめ選択しておき、「参照先」に設定したい名前を入力して Enter キーを押すだけで定義できます。

4-21 セルの最速編集で作業時間を大幅短縮

セルの増減や入力内容の変更は、表作成では欠かせない作業。ショートカットキーで効率化しましょう。

セルを挿入する

セルの挿入や削除もショートカットキーで実行できます。操作を中断させることなく、スムーズに必要なセルを追加し、不要なセルをすばやく削除しましょう。

● Step1　セルを挿入したい位置を選択する

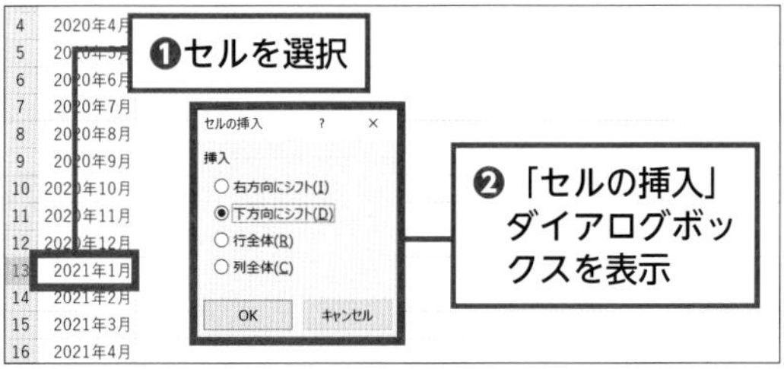

挿入したいセルの位置を選択する（❶）。

Ctrl ＋ Shift ＋ ＋

Ctrlキーを押しながらShift＋＋キーを押して、「セルの挿入」ダイアログボックスを表示する（❷）。

● Step2　セルが挿入される

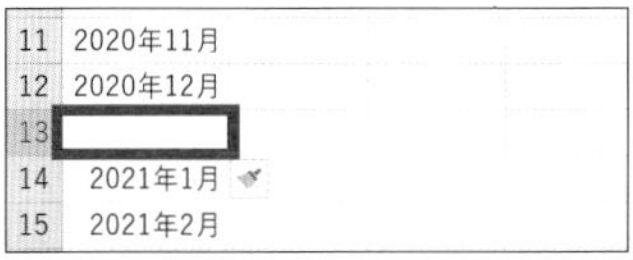

Enter

Enterキーを押すと、セルが挿入される。ダイアログボックスは矢印キーで挿入方法を選択し、「OK」を押す。

Ctrl ＋ −

Ctrl＋−キーを押すと「削除」ダイアログボックスが開き、アクティブなセルを削除することができます。

MEMO

表示されたダイアログボックスは、Alt＋割り振られたアルファベットキーを押すことでも操作できます。

セルの内容を編集する

入力を確定したあとにセル内の編集が必要になると、セルをダブルクリックしたり、数式バーにカーソルを移動させたりして編集していませんか。もちろん、それでも編集できるのですが、そのときのマウス操作で、セルがとんでもない位置まで移動してしまうといったミスも起こりがちです。

そこで便利なのが、やはりショートカットキー。**編集したいセルを選択して[F2]キーを押すだけで、セル内を編集できます**。

● Step1　セルを編集可能な状態にする

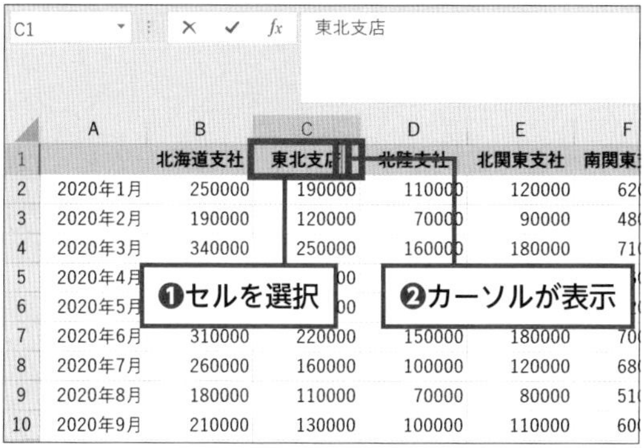

編集したいセルを選択する（❶）。

[F2]

[F2]キーを押すとセル内にカーソルが表示される（❷）。

● Step2　セルの内容を編集する

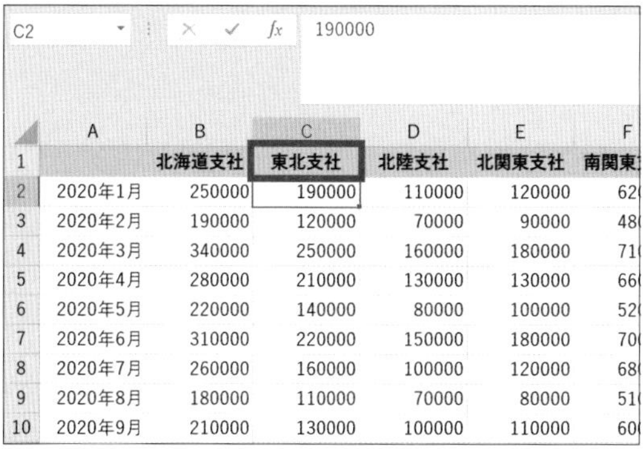

[Enter]

内容を修正し、[Enter]キーを押して編集を完了する。

MEMO

[F2]キーを押すと、セル内の文字列の末尾にカーソルが表示されます。カーソルの位置は、[←]キー、または[→]キーを使って移動させることができます。

セルの内容を削除する

Excelでは、文字列をセルの中に格納するので、一度にすべてを削除したり、別の文字列に置き換えたりする作業はかんたんです。

一方で、セルの内容の一部を削除するのは結構大変です。面倒だから入力し直すという人も少なくありません。しかし、F2キー**を使えば、一部の文字だけを削除することができます。また、Ctrl+Deleteキーを使って、カーソルから末尾までの文字列を一気に削除することも可能です**。

● Step1　セルを編集可能な状態にする

編集したいセルを選択する(❶)。

F2

F2キーを押して、編集可能な状態にし、カーソルを移動する。

● Step2　セルの内容を削除する

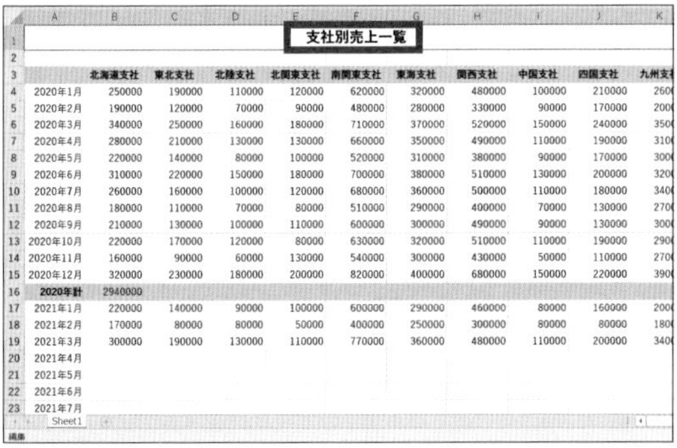

Ctrl + Delete

カーソルを移動し、Ctrlキーを押しながらDeleteキーを押すと、カーソル以降の文字列が削除される。

MEMO

セルを選択してDeleteキー、またはBack Spaceキーを押すと、選択したセル内のすべての文字列を削除することができます。また、選択したセルを別のセルに置き換えたいときは、セルを選択してそのまま置き換えたい文字列を入力します。

上や左のセルをコピーする

入力した文字列と同じ内容を次のセルにも入力したい場合も、ショートカットキーですばやく、かんたんに実行できます。**Excelには、アクティブなセルの上、または左の文字列と同じ内容をコピーできるショートカットキーがあり**、たった一度の操作で入力が完了します。入力したあと、移動先のセルに、再び同じ内容を入力したい場合に便利です。

● Step1　上のセルの文字列をコピーする

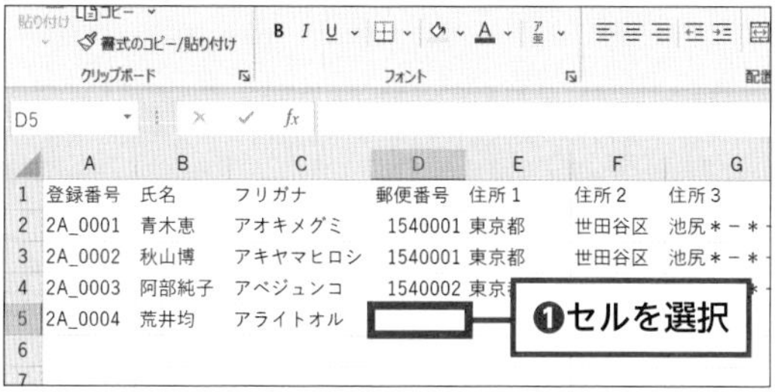

編集したいセルを選択する(❶)。

Ctrl ＋ D

Ctrlキーを押しながらDキーを押すと、上のセルの内容がコピーされる。

● Step2　上のセルの文字列が挿入される

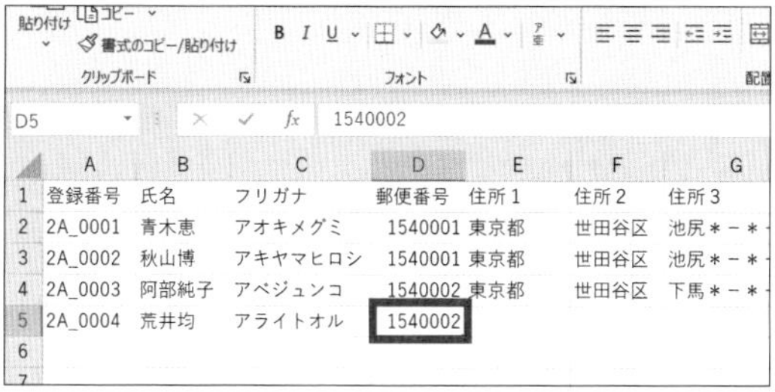

上のセルの内容が挿入される。

Ctrl ＋ R

Ctrl＋Rキーを押すと、左のセルのデータをコピーしてアクティブなセルに貼り付けることができます。

Ctrl ＋ Shift ＋ 2 ／ Ctrl ＋ Shift ＋ 7

Ctrl＋Shift＋2キーを押すと、上のセルの値だけをコピーします。Ctrl＋Shift＋7キーは、上のセルの数式のみコピーします。この際、数式のセルの参照先は変更されません。

4-22 データの自動入力で入力作業を高速に

Excelには、入力作業を効率的に行うための機能が用意されています。これらの機能を使いこなすことは、仕事のスピードアップだけでなく、正確性の向上にもつながり、一石二鳥です。

データのパターンを自動判定して入力する

「フラッシュフィル」は、入力データの規則性を認識し、それに従ってデータを自動的に入力する機能です。既存のデータを希望の形式に変更したいときに便利です。

● フラッシュフィル（リボンから実行する）

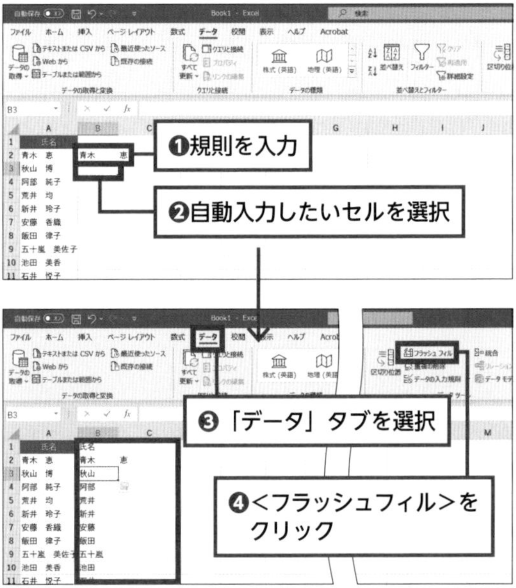

入力したい範囲の先頭に定義したい規則どおりに入力する（❶）。
自動入力したい範囲のセルを選択し、アクティブにする（❷）。

「データ」タブを選択する（❸）。＜フラッシュフィル＞をクリックすると（❹）、定義に従ったデータが入力される。

この表では「氏名」列の右隣に「姓」列を設けました。「青木」という規則を入力してフラッシュフィルを実行すると、Excelが「スペースより前を取り出す」という規則性を見つけ出し、ほかのデータにも適用して入力を行います。

フラッシュフィルは、ショートカットキーでも実行できます。

表の中に含まれる氏名を「姓」と「名」で分けたり、または「都道府県」と「市区町村」、あるいはそれ以下に分けられた住所を統合したりするなど、コマンドでは思うようにいかない変換や文字列操作を、**Ctrl+Eキーを押す**だけでかんたんに実現できるのです。

● フラッシュフィル（ショートカットキーで実行する）

例1）　スペースを利用して姓と名を分割する

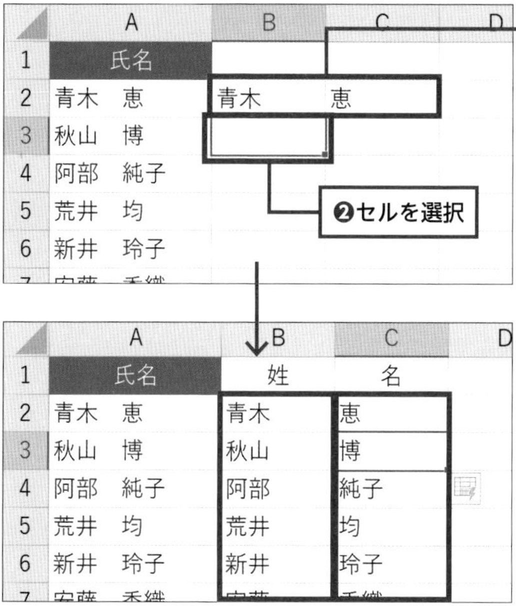

①規則を入力

入力したい範囲の先頭に定義したい規則どおりに入力する（❶）。
自動入力したい範囲のセルを選択し、アクティブにする（❷）。

Ctrl＋E

Ctrlキーを押しながらEキーを押すと、フラッシュフィルが実行される。

MEMO

文字列の分割は、関数式を入力することでも実行することができます。たとえば、「姓」のみ入力したい場合、「=LEFT(A2,FIND(“　”,A2)-1)」のような関数が必要です。ただ、入力の手間や、全角・半角スペースの混在による関数式の複雑化など指定するのがやや大変です。

関数式の例：姓　=LEFT(A2,FIND("　",A2)-1)

名　=RIGHT(A2,LEN(A2)-FIND("　",A2))

例2） 分割されている住所を統合する

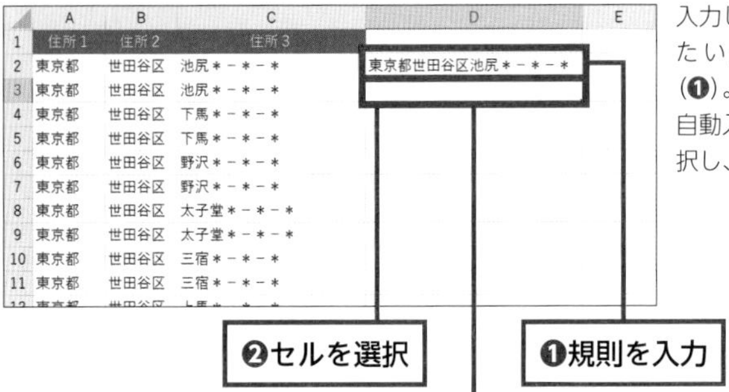

入力したい範囲の先頭に定義したい規則どおりに入力する(❶)。
自動入力したい範囲のセルを選択し、アクティブにする（❷)。

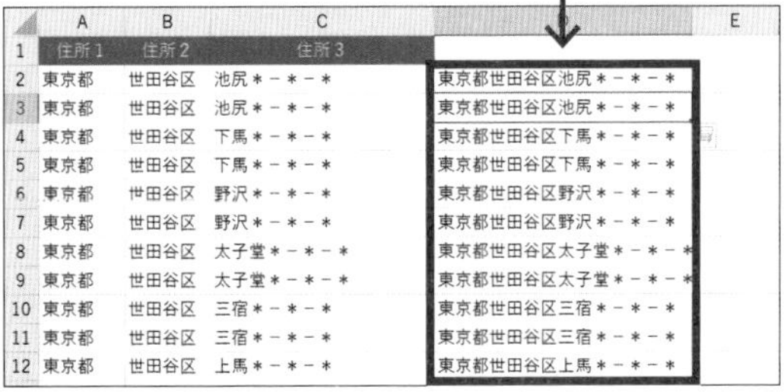

Ctrl ＋ E

Ctrlキーを押しながらEキーを押すと、フラッシュフィルが実行される。

例3） 付番された番号を変更する

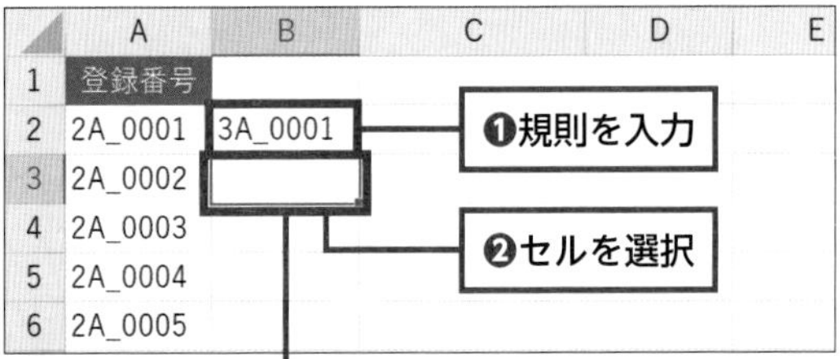

入力したい範囲の先頭に定義したい規則どおりに入力する(❶)。
自動入力したい範囲のセルを選択し、アクティブにする（❷)。

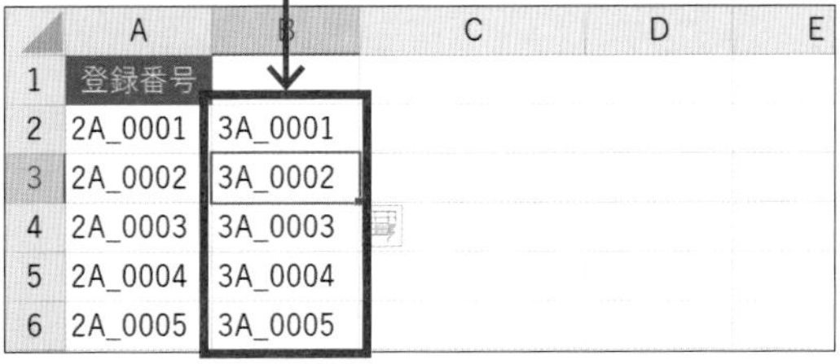

Ctrl ＋ E

Ctrlキーを押しながらEキーを押すと、フラッシュフィルが実行される。

MEMO

例3）の場合、「置換」機能を利用すると、末尾が「2」の文字列も変更されてしまうため、「フラッシュフィル」機能を利用するほうが有効です。

連続したデータを入力する

「オートフィル」は、入力データや式を認識し、連続データや位置に合わせた数式を入力する機能です。曜日や日付など、あらかじめ「ユーザー設定リスト」に登録されている連続データのほか、連番、同じ計算式などがかんたんに入力できます。

● オートフィル（フィルハンドルから実行する）

Step 1　フィルハンドルを下方向にドラッグする

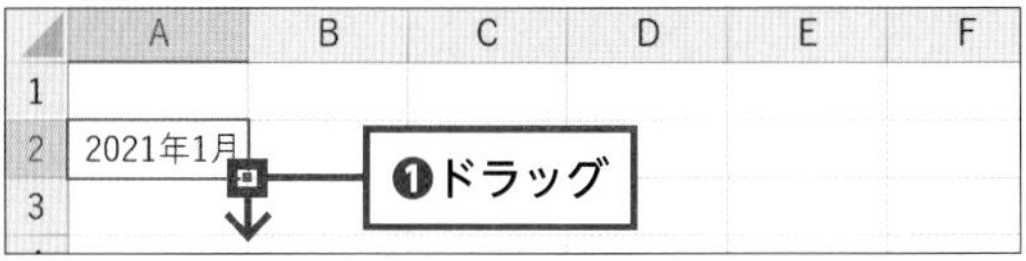

セル右下の「フィルハンドル」を下方向にドラッグする（❶）。

Step 2　連続データを挿入する

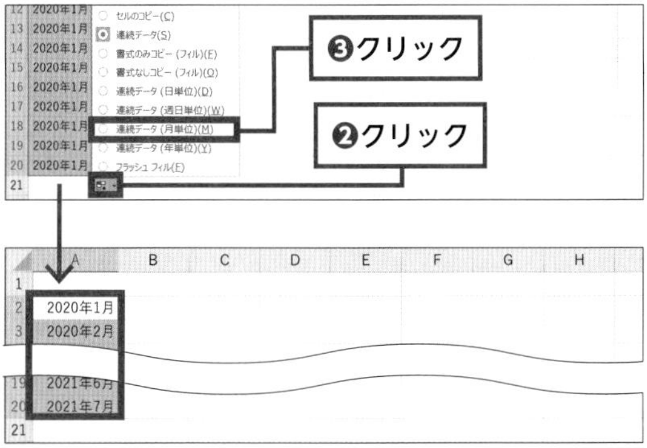

をクリックする（❷）。一覧から＜連続データ（月単位）＞をクリックして選択する（❸）。

連続データが挿入される。

MEMO

オートフィルで実行される連続データは、「ユーザー設定リスト」にあらかじめ登録されています。いつも同じ順番で入力する製品名や人名などを連続データとして登録することも可能です。

「ユーザー設定リスト」は、＜ファイル＞タブ→＜オプション＞→＜詳細設定＞→＜全般＞→＜ユーザー設定リストの編集＞の順にクリックすると表示されます。

オートフィル（ショートカットキーで実行する）

Step1　連続データを挿入するセルを選択する

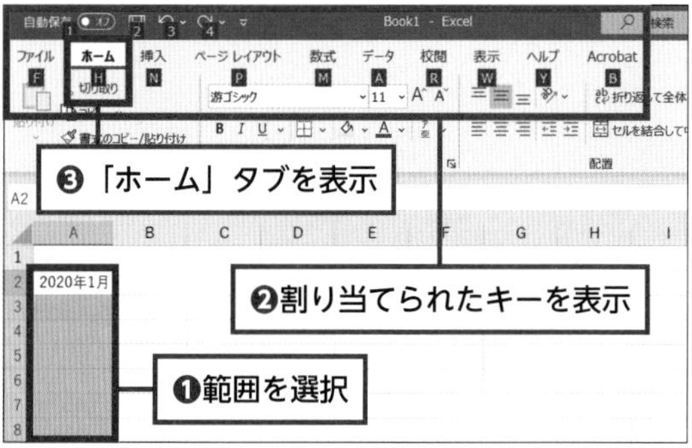

連続データを先頭に入力し、範囲を選択する（❶）。

Alt

Altキーを押して、割り当てられたキーを表示する（❷）。

H

Hキーを押して、「ホーム」タブを表示する（❸）。

Step2　「フィル」を選択する

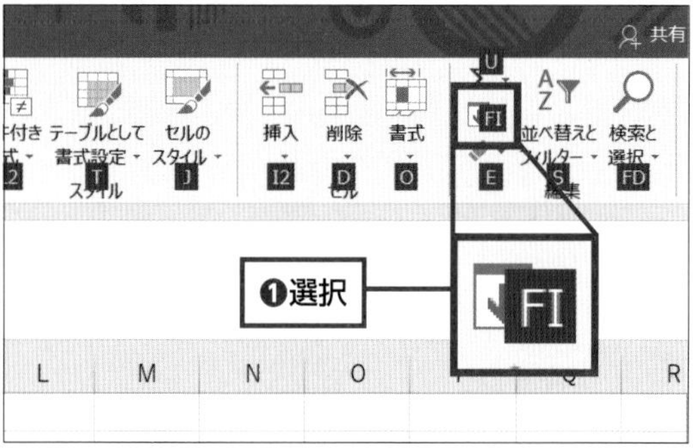

F→I

Fキーを押してからIキー（「フィル」）を押して選択する（❶）。

Step3　「連続データ」ダイアログボックスを表示する

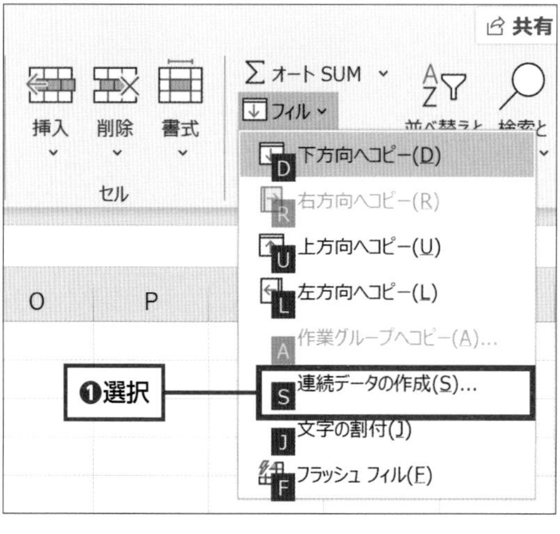

S

Sキー（「連続データの作成」）を押して選択し（❶）、「連続データ」ダイアログボックスを表示する。

Step4　連続データの詳細を設定する

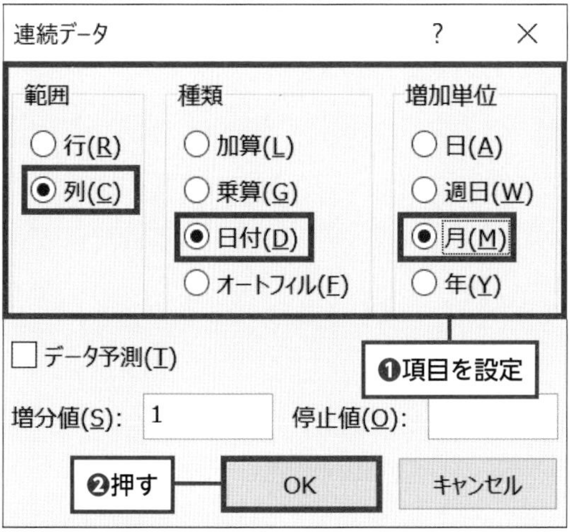

Tab →

Tab キーで項目を移動し、→キーで選択しながら「列」「日付」「月」に設定する（❶）。

Enter

Enter キーを押す（❷）。

MEMO

表示されたダイアログボックスでは、Alt ＋割り振られたアルファベットキーを押すことでも操作できます。たとえば、Step4ならAlt ＋A キーで「増加単位」の「日」が選択されます。なお、選択後「OK」するときはEnter キー、「キャンセル」するときはEsc キーをそれぞれ押します。

Step5　連続データが挿入される

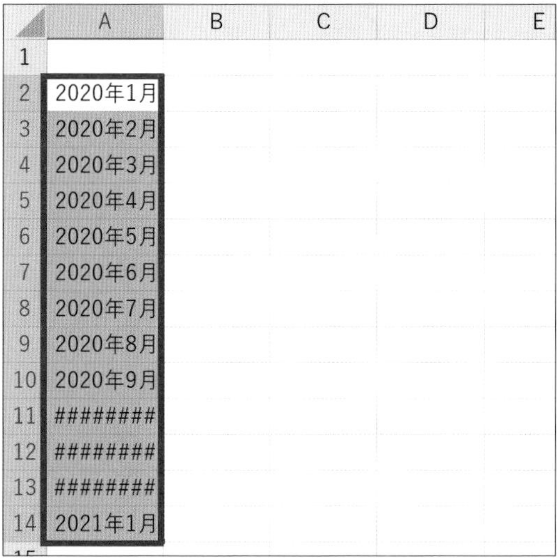

連続データが挿入される。「########」が表示されたときは、文字数に対してセルの幅が狭くなっているため、全体が表示されるように列の幅を広げるとよい。

4-23 超高速で見た目を整える

表をわかりやすくするには、見た目も重要です。文字の書式設定には、ショートカットキーが割り当てられています。実は、見た目の操作もショートカットキーならこなせます。

書式設定を変えて見やすさアップ

見やすい表を作るのは表作成で重要視される操作の一つです。

たとえば、文字の大きさや太さを変えて見出しをわかりやすくしたり、重要な部分は文字の色を変えて注目させたりというのはビジネス文書では頻繁に求められる装飾です。

このような**文字に対する書式設定には、ショートカットキーが割り当てられており、Excelを始め、WordやPowerPointなど、ほかのOfficeアプリでも共通で使える**ので、ぜひ覚えておきましょう。

● Step1　文字列に「太字」を設定する

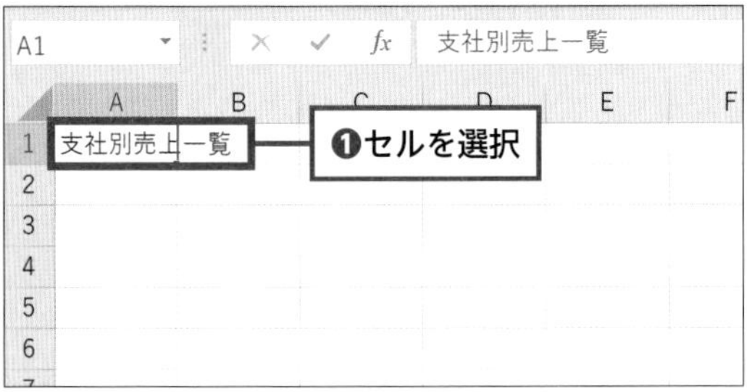

書式設定をしたいセルを選択する（❶）。

● Step2　「太字」が設定される

Ctrl＋B

Ctrlキーを押しながらBキーを押して、「太字」を設定する。

Step3　文字列に「斜体」を設定する

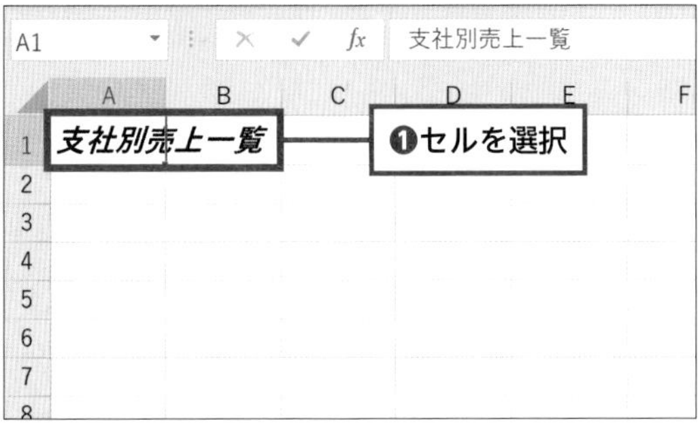

書式を設定したいセルを選択する（❶）。

Ctrl+I

Ctrlキーを押しながらIキーを押して、「斜体」を設定する。

Step4　文字列に「下線」を設定する

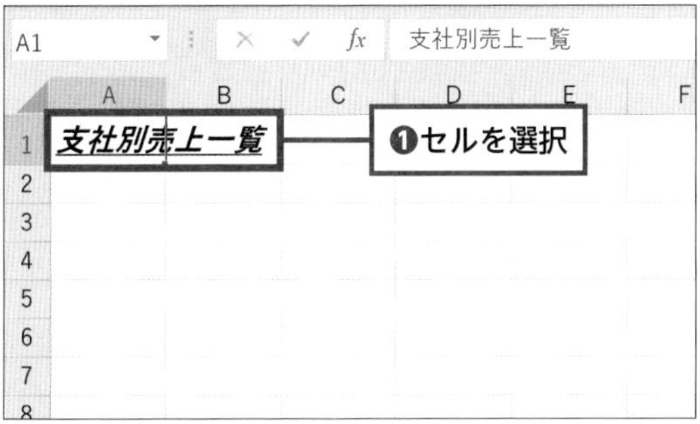

書式を設定したいセルを選択する（❶）。

Ctrl+U

Ctrlキーを押しながらUキーを押して、「下線」を設定する。

MEMO

Ctrl+Bキーの太字、Ctrl+Iキーの斜体、Ctrl+Uキーの下線のいずれも、それぞれのショートカットキーで設定と解除を切り替えることができます。

Ctrl + 5

Ctrl+5キーを押すと、「取り消し線」が設定されます。解除したいときは、もう一度Ctrl+5キーを押します。

Alt → H → M → C

見出しの設定などでよく利用する「セルを結合して中央揃え」を実行するときは、結合する範囲を選択しておき、Alt→H（「ホーム」タブ）→M→Cキー（「セルを結合して中央揃え」）の順に押します。

4-24 キーボードだけで本格的な表作りを

表のデザインやスタイルも、ショートカットキーで設定できます。ショートカットキーを活用すれば、キーボードだけで、罫線を引いたり、背景色を指定したりするなど本格的な表を作成することができます。

罫線を引く

「セルの書式設定」ダイアログボックスを表示すれば、罫線の細かな設定ができます。**「外枠」のようにシンプルで使用頻度の高い罫線は、ショートカットキーから設定することも可能です。**

● 表に「外枠」を設定する

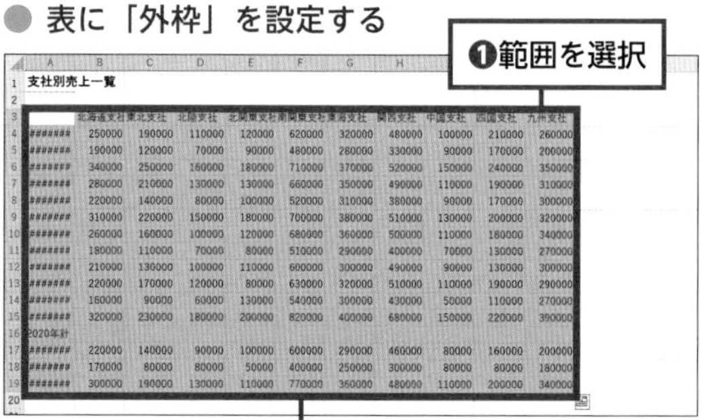

支社別売上一覧

	北海道支社	東北支社	北陸支社	北関東支社	南関東支社	東海支社	関西支社	中国支社	四国支社	九州支社
#######	250000	190000	110000	120000	620000	320000	480000	100000	210000	260000
#######	190000	120000	70000	90000	480000	280000	330000	90000	170000	200000
#######	340000	250000	160000	180000	710000	370000	520000	150000	240000	350000
#######	280000	210000	130000	130000	660000	350000	490000	110000	190000	310000
#######	220000	140000	80000	100000	520000	310000	380000	90000	170000	300000
#######	310000	220000	150000	180000	700000	380000	510000	130000	200000	320000
#######	260000	160000	100000	120000	680000	360000	500000	110000	180000	340000
#######	180000	110000	70000	80000	510000	290000	400000	70000	130000	270000
#######	210000	130000	100000	110000	600000	300000	490000	90000	130000	300000
#######	220000	170000	120000	80000	630000	320000	510000	110000	190000	290000
#######	160000	90000	60000	130000	540000	300000	430000	50000	110000	270000
#######	320000	230000	180000	200000	820000	400000	680000	150000	220000	390000
2020年計										
#######	220000	140000	90000	100000	600000	290000	460000	80000	160000	200000
#######	170000	80000	80000	50000	400000	250000	300000	80000	80000	180000
#######	300000	190000	130000	110000	770000	360000	480000	110000	200000	340000

「外枠」を付けたい範囲を選択する（❶）。

Ctrl ＋ Shift ＋ &

Ctrl キーを押しながら Shift ＋ & キーを押す。

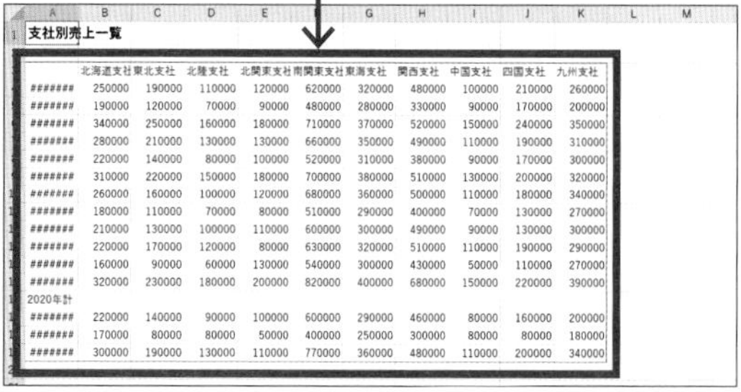

支社別売上一覧

	北海道支社	東北支社	北陸支社	北関東支社	南関東支社	東海支社	関西支社	中国支社	四国支社	九州支社
#######	250000	190000	110000	120000	620000	320000	480000	100000	210000	260000
#######	190000	120000	70000	90000	480000	280000	330000	90000	170000	200000
#######	340000	250000	160000	180000	710000	370000	520000	150000	240000	350000
#######	280000	210000	130000	130000	660000	350000	490000	110000	190000	310000
#######	220000	140000	80000	100000	520000	310000	380000	90000	170000	300000
#######	310000	220000	150000	180000	700000	380000	510000	130000	200000	320000
#######	260000	160000	100000	120000	680000	360000	500000	110000	180000	340000
#######	180000	110000	70000	80000	510000	290000	400000	70000	130000	270000
#######	210000	130000	100000	110000	600000	300000	490000	90000	130000	300000
#######	220000	170000	120000	80000	630000	320000	510000	110000	190000	290000
#######	160000	90000	60000	130000	540000	300000	430000	50000	110000	270000
#######	320000	230000	180000	200000	820000	400000	680000	150000	220000	390000
2020年計										
#######	220000	140000	90000	100000	600000	290000	460000	80000	160000	200000
#######	170000	80000	80000	50000	400000	250000	300000	80000	80000	180000
#######	300000	190000	130000	110000	770000	360000	480000	110000	200000	340000

表に「外枠」が設定される。

Ctrl ＋ Shift ＋ _

表の範囲を選択し、Ctrl ＋ Shift ＋ _ キーを押すと、選択された範囲に設定されている「外枠」を削除することができます。

第4章 プロがやっているExcelの高速技

背景色を塗りつぶす

表の見出しなど、**目立たせるためにセルの背景に色を付けたいときも、キーボードから設定することができます。**

● Step1　「ホーム」タブを開く

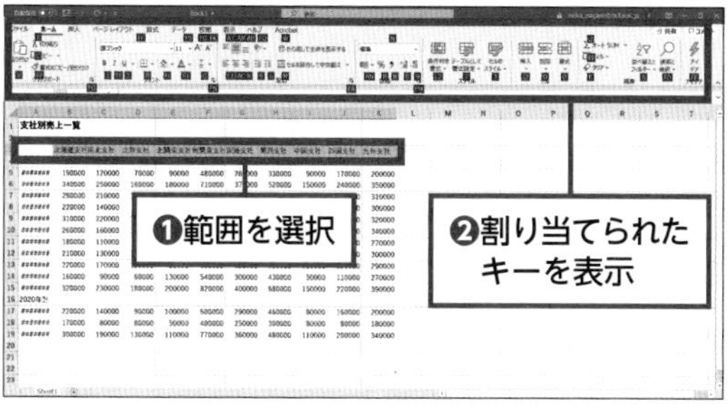

背景を塗りつぶす範囲を選択する（❶）。

Alt

Altキーを押して、割り当てられたキーを表示する（❷）。

H

Hキーを押して、「ホーム」タブを開く。

● Step2　セルの背景色を選択する

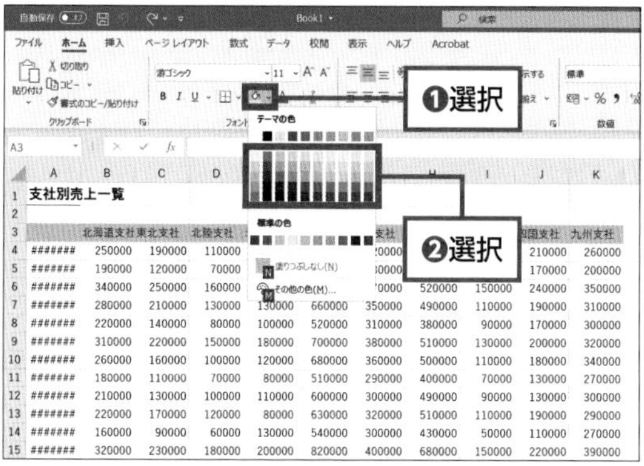

H

Hキー（「塗りつぶしの色」）を押して、選択する（❶）。

↓／→

↓または→キーで色を選択する（❷）。

● Step3　セルの背景色が設定される

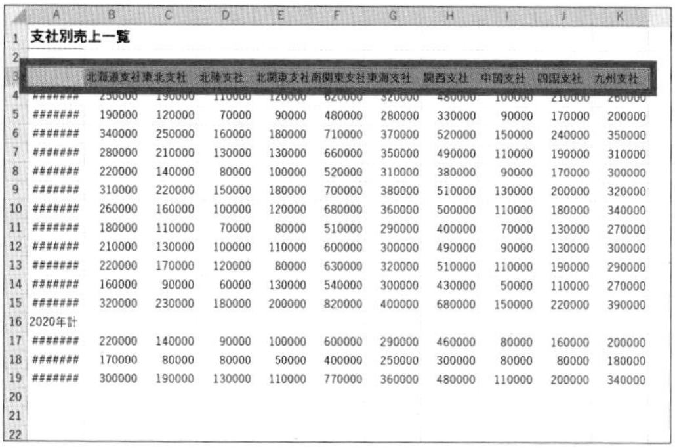

Enter

Enterキーを押して、選択した色を設定する。

テーブルを作成する

ショートカットキーを使って、選択した表を「テーブル」に変換することができます。**テーブルに変換することで、Excelはその表をデータのまとまりとして処理可能になります。**

● Step1　表を選択する

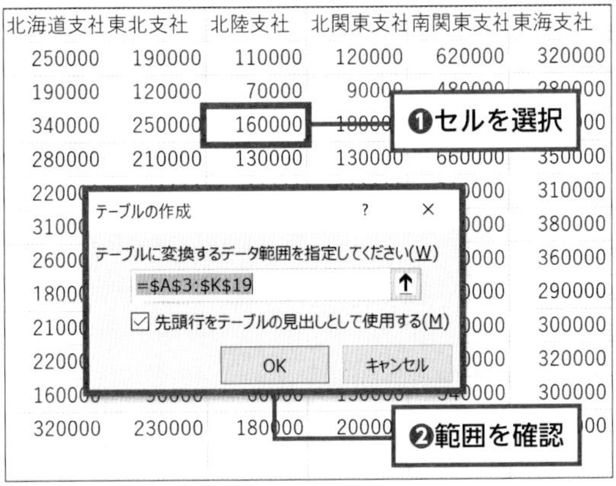

テーブルにしたい表内のセルを選択し、アクティブにする（❶）。

Ctrl＋T

Ctrlキーを押しながらTキーを押して、テーブルに変換する範囲を確認する（❷）。

● Step2　選択した表が「テーブル」に変換される

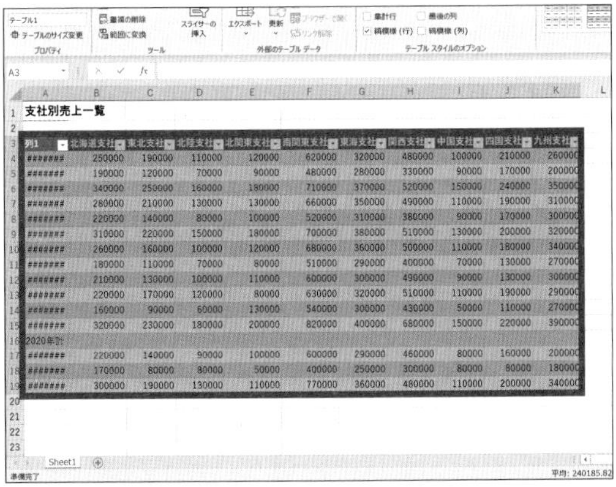

Enter

Enterキーを押すと、表がテーブルに変換される。

MEMO

表をテーブルに変換すると、行や列を追加したときに書式が自動的に設定されます。また、セルに数式を入れたときに関連するセルにも自動的にその数式が挿入されるので、業務の効率化にとても役立ちます。

列幅や行の高さを自動調整する

入力されている文字列がセルの幅に収まらなくなると、「########」と表示されます。**Excelには、その文字列に合わせて列の幅や行の高さを自動調整する機能があるので**有効に使いましょう。

● Step1　列の幅を自動調整したいセルを選択する

列の幅を自動調整したいセルを選択する（❶）。

Alt

Altキーを押して、割り当てられたキーを表示する（❷）。

H

Hキーを押して、「ホーム」タブを開く。

● Step2　列の幅を自動調整する

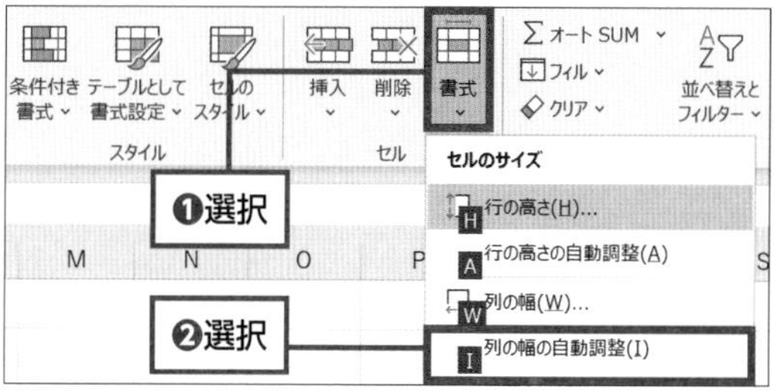

O

Oキーを押して、「書式」を選択する（❶）。

I

Iキー（「列の幅の自動調整」）を押して、選択する（❷）。

● Step3　列の幅が自動調整される

指定した列の幅が自動調整される。

Alt → H → O → A

行の高さを自動調整したいときは、セルを選択し、Alt→H（「ホーム」タブ）→O（「書式」）→Aキー（「行の高さの自動調整」）の順に押します。

4-25 見た目だけをコピーして貼り付ける

書式に統一感のある表は、とても見やすく、信頼感も増します。表の体裁を整えるときは、設定した書式をコピーして再利用したり、既存の書式を適用したりすると、効率的に作業を進められます。

データをコピー&ペーストする

Step1　データをコピーするセルを選択する

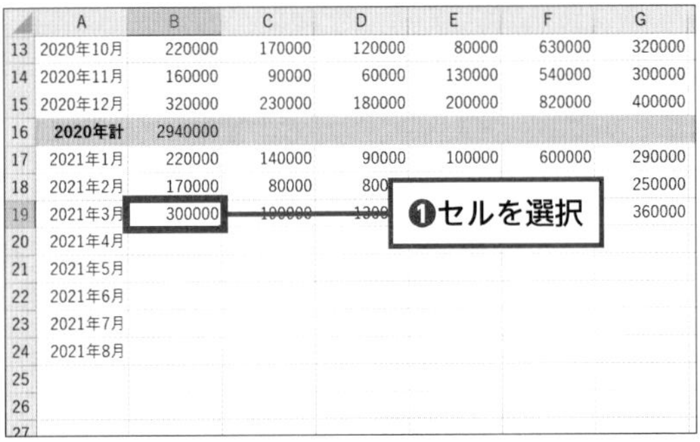

	A	B	C	D	E	F	G
13	2020年10月	220000	170000	120000	80000	630000	320000
14	2020年11月	160000	90000	60000	130000	540000	300000
15	2020年12月	320000	230000	180000	200000	820000	400000
16	2020年計	2940000					
17	2021年1月	220000	140000	90000	100000	600000	290000
18	2021年2月	170000	80000	800			250000
19	2021年3月	300000	190000	1300			360000
20	2021年4月						
21	2021年5月						
22	2021年6月						
23	2021年7月						
24	2021年8月						
25							
26							
27							

データをコピーしたいセルを選択する（❶）。

Ctrl + C

Ctrlキーを押しながらCキーを押して、コピーする。

Step2　データを貼り付ける

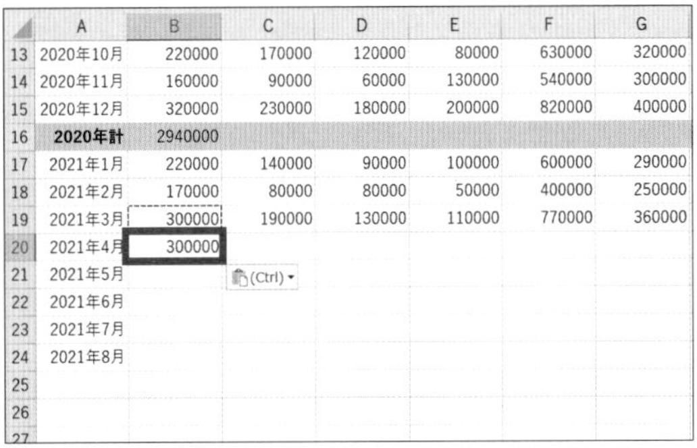

	A	B	C	D	E	F	G
13	2020年10月	220000	170000	120000	80000	630000	320000
14	2020年11月	160000	90000	60000	130000	540000	300000
15	2020年12月	320000	230000	180000	200000	820000	400000
16	2020年計	2940000					
17	2021年1月	220000	140000	90000	100000	600000	290000
18	2021年2月	170000	80000	80000	50000	400000	250000
19	2021年3月	300000	190000	130000	110000	770000	360000
20	2021年4月	300000					
21	2021年5月						
22	2021年6月						
23	2021年7月						
24	2021年8月						
25							
26							
27							

データを貼り付けたいセルを選択する。

Ctrl + V

Ctrlキーを押しながらVキーを押すと、コピーしたデータが貼り付けられる。

MEMO

Ctrl + Xキーを押すと「切り取り」が実行されます。任意のセルでCtrl + Vキーを押すと、貼り付けられます。もとのセルは空白のセルになります。

書式をコピー&ペーストする

Excelには、**セルに設定された書式だけをコピーして、ほかのセルに適用する「書式のコピー／貼り付け」機能があります**。同じ書式にするために何度も同じ操作をくり返すことなく、統一することができます。

● Step1　書式をコピーするセルを選択する

書式をコピーしたいセルを選択する（❶）。

Ctrl＋C

Ctrlキーを押しながらCキーを押して、コピーする。

● Step2　書式を貼り付けたいセルを選択する

書式を貼り付けたいセルを選択する（❶）。

Ctrl＋Alt＋V

Ctrlキーを押しながらAlt＋Vキーを押して、「形式を選択して貼り付け」ダイアログボックスを表示する。

● Step3　「書式」のみを貼り付ける

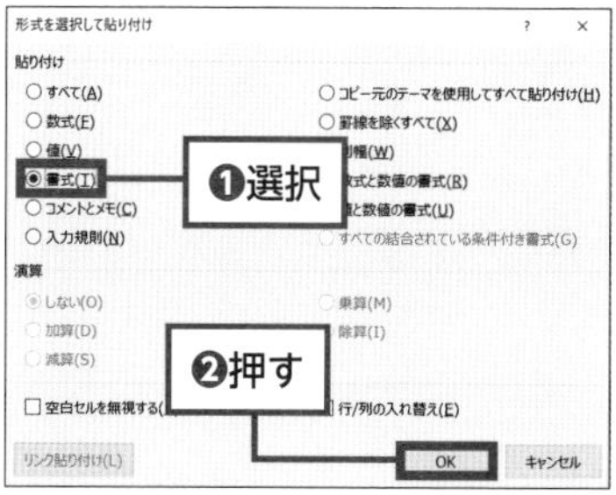

↓
Enter

↓キーを押して、貼り付ける項目（ここでは書式）を選択し（❶）、Enterキーを押す（❷）。

● Step4　コピーした書式が設定される

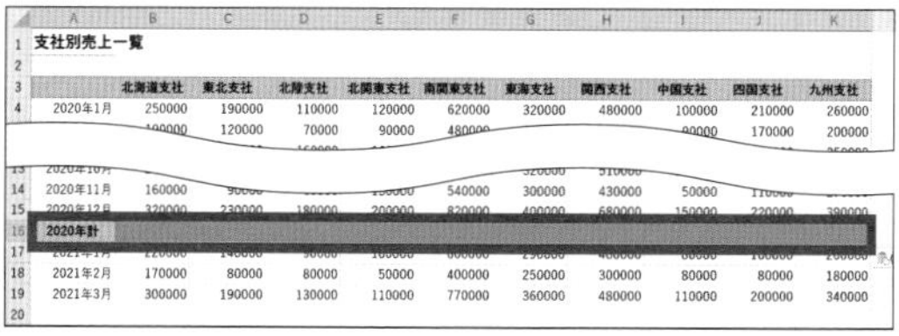

コピーした書式が設定される。

行や列のスタイルを適用して見出しを作る

「スタイル」とは、文字列やセルなどに設定された複数の書式をまとめたものです。スタイルには、Excelで定義している組み込みスタイルとユーザーが独自で作成するスタイルの2種類があります。

● Step1　スタイルを設定したい範囲を選択する

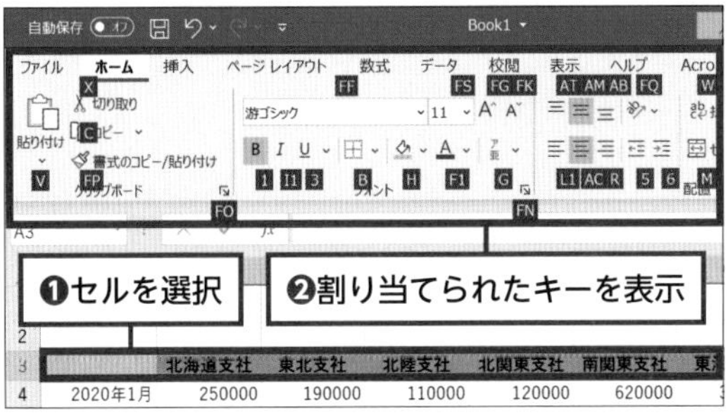

スタイルを設定したい範囲を選択する（❶）。

Alt

Altキーを押して、割り当てられたキーを表示する（❷）。

H

Hキーを押して、「ホーム」タブを表示する。

● Step2　一覧から既存のスタイルを選択する

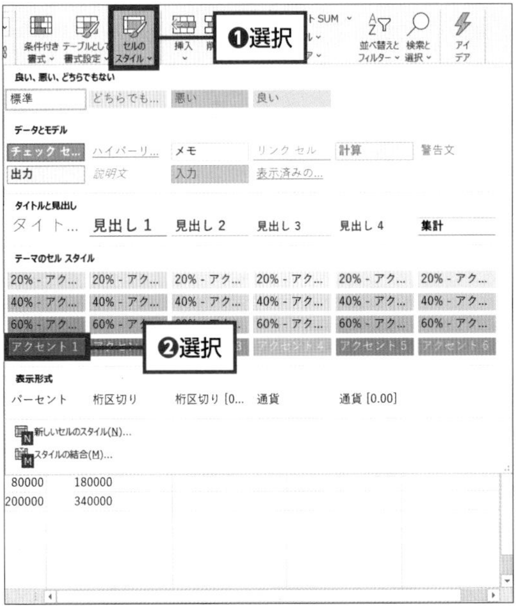

J

Jキー（「セルのスタイル」）を押して、選択する（❶）。

↓

↓キーを押して、適用するスタイルを選択する（❷）。

● Step3 スタイルを適用する

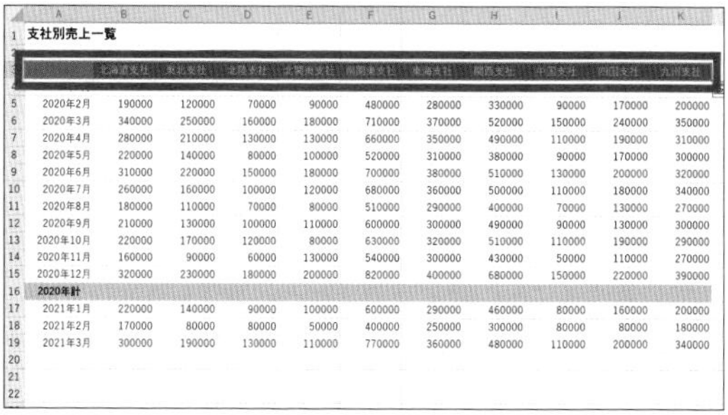

	A	B	C	D	E	F	G	H	I	J	K
1	支社別売上一覧										
3		北海道支社	東北支社	北陸支社	北関東支社	南関東支社	東海支社	関西支社	中国支社	四国支社	九州支社
5	2020年2月	190000	120000	70000	90000	480000	280000	330000	90000	170000	200000
6	2020年3月	340000	250000	160000	180000	710000	370000	520000	150000	240000	350000
7	2020年4月	280000	210000	130000	130000	660000	350000	490000	110000	190000	310000
8	2020年5月	220000	140000	80000	100000	520000	310000	380000	90000	170000	300000
9	2020年6月	310000	220000	150000	180000	700000	380000	510000	130000	200000	320000
10	2020年7月	260000	160000	100000	120000	680000	360000	500000	110000	180000	340000
11	2020年8月	180000	110000	70000	80000	510000	290000	400000	70000	130000	270000
12	2020年9月	210000	130000	100000	110000	600000	300000	490000	90000	130000	300000
13	2020年10月	220000	170000	120000	80000	630000	320000	510000	110000	190000	290000
14	2020年11月	160000	90000	60000	130000	540000	300000	430000	50000	110000	270000
15	2020年12月	320000	230000	180000	200000	820000	400000	680000	150000	220000	390000
16	2020年計										
17	2021年1月	220000	140000	90000	100000	600000	290000	460000	80000	160000	200000
18	2021年2月	170000	80000	80000	50000	400000	250000	300000	80000	80000	180000
19	2021年3月	300000	190000	130000	110000	770000	360000	480000	110000	200000	340000
20											
21											
22											

[Enter]

[Enter]キーを押して、スタイルを適用すると、同じ書式が設定される。

[Alt]＋[Shift]＋[7]

[Alt]＋[Shift]＋[7]キーを押すと、「スタイル」ダイアログボックスが表示されます。ここでは不要な書式を削除したり、書式を変更したりするなどスタイルの編集ができます。

[Alt]→[H]→[A]→[F]

セルに設定した書式やスタイルをクリアする場合は、[Alt]→[H]→[A]→[F]キーの順に押すと、もとの書式に戻すことができます。

MEMO

自分で設定した書式をスタイルとして登録したいときは、登録したい書式が設定されているセルを選択し、「セルのスタイル」から「新しいセルのスタイル」を選択します。表示されるダイアログボックスでスタイル名を設定すると、次回から一覧に表示されます。

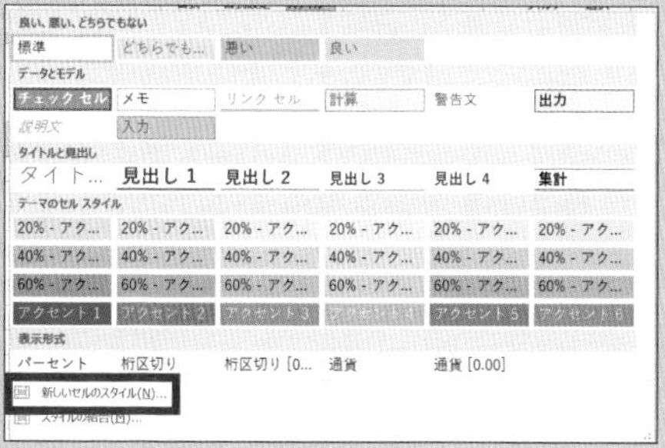

4-26 データ分析を高速化してサクサク処理

「フィルター」機能を使うと、既存の表の中から条件に合うデータだけを抽出できます。たとえば、「どこに住む人が多いか」「○円以上売り上げたのはいつか」のような限られたデータも、すぐに絞り込むことができます。

フィルターを追加してデータを絞り込みやすくする

「フィルター」とは、特定の範囲のデータの中から、条件に合う文字列や数値だけを検索、表示する機能です。フィルターを設定すると見出しの右横に表示される▼から、抽出条件が設定できるようになります。条件に該当しないセルは非表示となるため、データの確認や分析に役立ちます。

● Step1　フィルターを設定する表を選択する

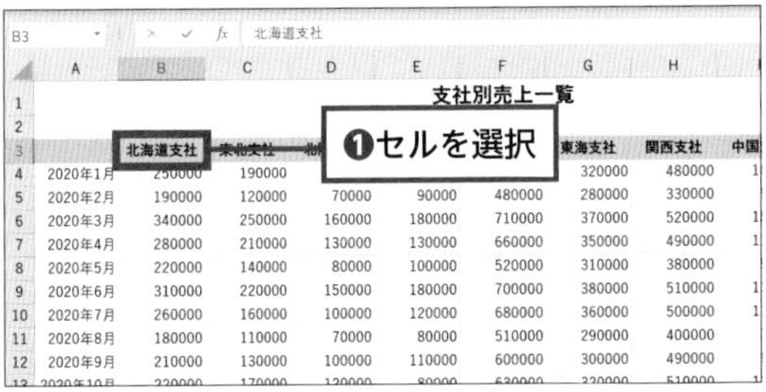

フィルターを設定する表内のセルを選択し、アクティブにする（❶）。

Ctrl ＋ Shift ＋ L

Ctrlキーを押しながらShift＋Lキーを押して、フィルターを設定する。

● Step2　見出しにフィルターが追加される

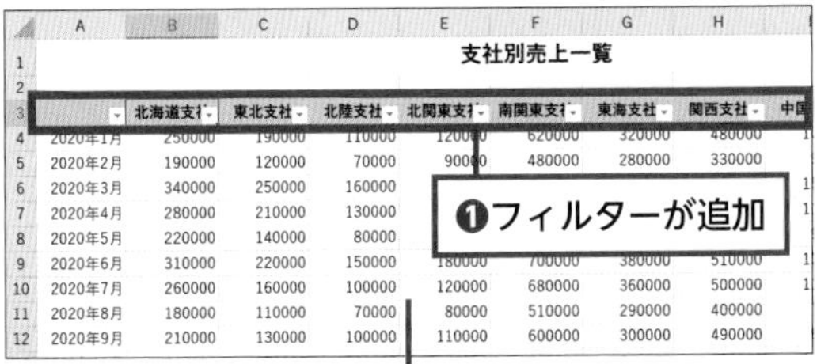

見出しにフィルターが追加される（❶）。

→

→キーを押して、条件を設定する見出しにフォーカスを移動させる。

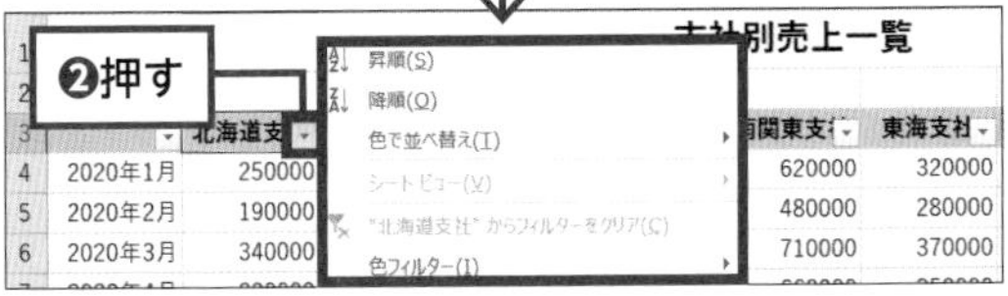

Alt ＋ ↓

見出し上でAltキーを押しながら↓キーを押すと（❷）、フィルターの条件設定が表示される。

● Step3　条件を設定する項目を選択する

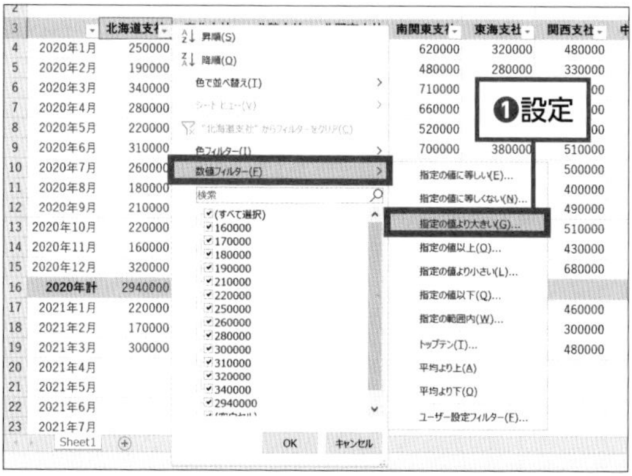

[↓]

[↓]キーを押して、設定する項目を選択する。

[Enter]

[Enter]キーを押して、設定する（❶）。

● Step4　詳細な条件を設定する

条件を入力する（❶）。

「OK」を押して、設定する（❷）。

● Step5　条件に該当するデータのみが表示される

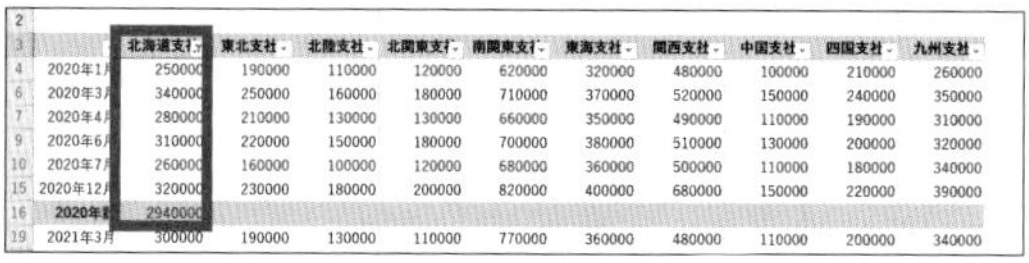

条件に合ったデータが抽出される。

[Ctrl] ＋ [Shift] ＋ [L]

[Ctrl]＋[Shift]＋[L]キーを押すと、フィルターの設定と解除を切り替えます。フィルターを解除すると、すべてのデータがもと通りに表示されます。

MEMO

昇順、降順のようにデータなどの並べ替えは、よく使うコマンドです。並べ替えの設定を表示するには2つの方法があります。1つ目は「ホーム」タブ内の「並べ替えとフィルター」→「ユーザー設定の並べ替え」の順に選択する方法。2つ目は「データ」タブ内の「並べ替え」を選択する方法です。

4-27 「同じ操作をくり返す」ことで無限の効率化

パソコンで仕事をするうえでとくによい点は、修正したところをもとに戻したり、同じ操作をくり返したりすることができるところです。ショートカットキーを使いこなせば、このメリットをさらに実感できるでしょう。

直前の操作をくり返す

直前に実行した操作は、新たに別の操作を行うまで、F4キーを使って何度でもかんたんにくり返すことができます。たとえば、直前に設定した書式を次のセルにも適用したいときは、次のセルを選択し、F4キーを押すだけで完了です。

● Step1　書式を設定する

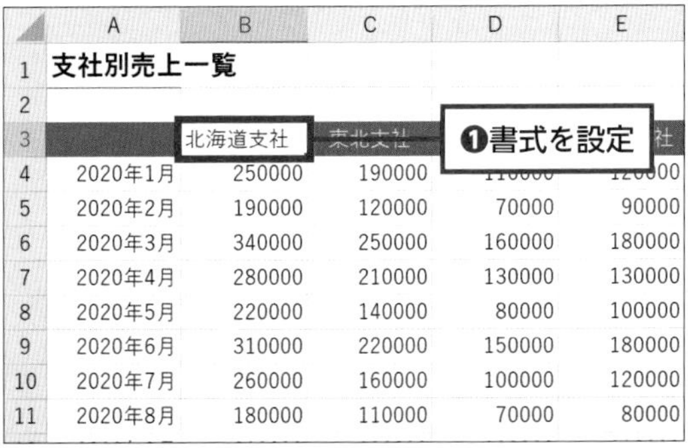

	A	B	C	D	E
1	支社別売上一覧				
2					
3		北海道支社	東北支社		社
4	2020年1月	250000	190000	110000	120000
5	2020年2月	190000	120000	70000	90000
6	2020年3月	340000	250000	160000	180000
7	2020年4月	280000	210000	130000	130000
8	2020年5月	220000	140000	80000	100000
9	2020年6月	310000	220000	150000	180000
10	2020年7月	260000	160000	100000	120000
11	2020年8月	180000	110000	70000	80000

選択したセルに書式を設定する（❶）。

● Step2　同じ書式が設定される

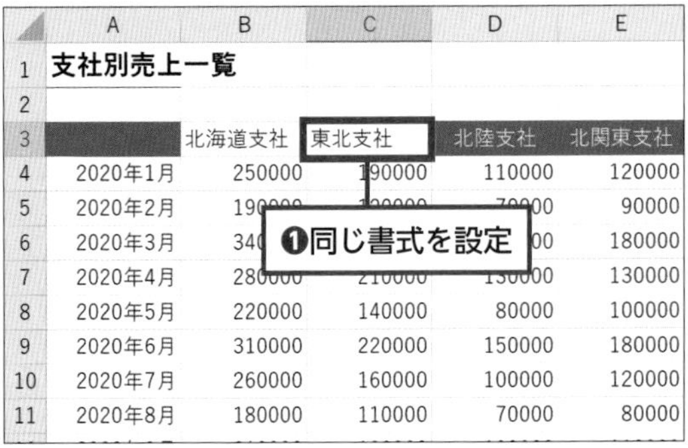

	A	B	C	D	E
1	支社別売上一覧				
2					
3		北海道支社	東北支社	北陸支社	北関東支社
4	2020年1月	250000	190000	110000	120000
5	2020年2月	190000	120000	70000	90000
6	2020年3月	340[illegible]	[illegible]	[illegible]00	180000
7	2020年4月	280000	210000	130000	130000
8	2020年5月	220000	140000	80000	100000
9	2020年6月	310000	220000	150000	180000
10	2020年7月	260000	160000	100000	120000
11	2020年8月	180000	110000	70000	80000

同じ書式を設定したいセルを選択する。

F4

F4キーを押して、選択したセルに同じ書式を設定する（❶）。

操作をもとに戻す

一度実行した操作をもとに戻したいときも、ショートカットキーで行うことができます。**Ctrl+Zキーを押すと、押した回数分、過去の操作を取り消し、もとの状態に戻すことができます**。デフォルトでは、100操作まで戻ることが可能です。

● Step1 設定された書式をもとに戻す

	A	B	C	D	E
1	支社別売上一覧				
2					
3		北海道支社	東北支社	北陸支社	北関東支社
4	2020年1月	250000	190000	110000	120000
5	2020年2月	190000	120000	70000	90000
6	2020年3月	340000	250000	160000	180000
7	2020年4月	280000	210000	130000	130000
8	2020年5月	220000	140000	80000	100000
9	2020年6月	310000	220000	150000	180000

Ctrl + Z

Ctrlキーを押しながらZキーを押して、最新の操作を取り消してもとに戻す。

● Step2 書式がもとに戻る

	A	B	C	D	E
1	支社別売上一覧				
2					
3		北海道支社	東北支社	北陸支社	北関東支社
4	2020年1月	250000	190000	110000	120000
5	2020年2月	190000	120000	70000	90000
6	2020年3月	340000	250000	160000	180000
7	2020年4月	280000	210000	130000	130000
8	2020年5月	220000	140000	80000	100000
9	2020年6月	310000	220000	150000	180000

1つ前の操作に戻る。

Ctrl + Y

Ctrl+Yキーを押すことでも、直前の操作をくり返すことができます。ただし、操作を「もとに戻す」を実行したあとにCtrl+Yキーを押すと、「やり直し」の操作になるので、状況に応じて使い分けるとよいでしょう。

MEMO

Ctrl+Yキーでのくり返しの操作で有効なものは、セルの書式設定、行やセルの挿入・削除、シートの削除、セルの結合、セルの罫線に限られます。これ以外の操作では、くり返し操作ができない場合があるので注意しましょう。

4-28 セルの見た目をていねいに整える

セルの書式はリボンから設定できますが、複数の書式を一度にまとめて設定したいときは、「セルの書式設定」ダイアログボックスから設定する方法がおすすめです。

書式ボックスを開いて体裁を整える

書式を設定するとき、コマンドを使ったり、ショートカットキーで一つ一つ設定したりしていると、結局操作の回数が多くなってしまいがちです。せっかくかんたんな操作も、作業効率が悪いと感じてしまうでしょう。

そんなときは「セルの書式設定」ダイアログボックスを使うことをおすすめします。**Ctrlキーを押しながらShift＋Pキーを押すと、「フォント」タブが開いたまま「セルの書式設定」ダイアログボックスが表示される**ので、複雑な操作は不要です。ダイアログボックスでは、複数の書式を文字列だけでなく、セルもいっしょに設定できるので非常に効率的といえます。

● Step1 「セルの書式設定」の「フォント」タブを開く

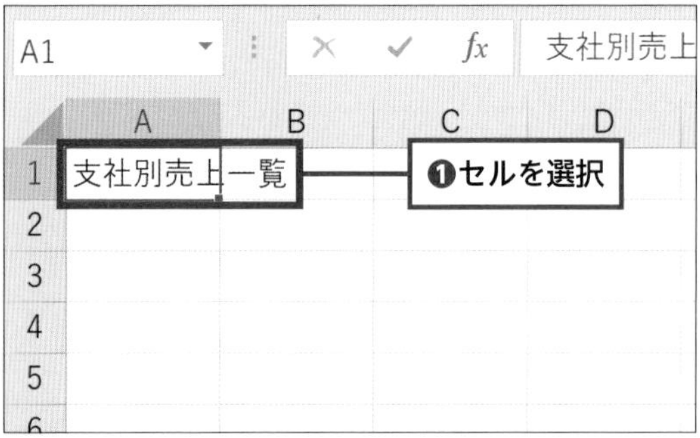

書式を設定したいセルを選択する（❶）。

Ctrl＋Shift＋P

Ctrlキーを押しながらShift＋Pキーを押して、「セルの書式設定」ダイアログボックスの「フォント」タブを開く。

MEMO

表示されたダイアログボックスでは、Alt＋割り振られたアルファベットキーを押すことでも操作できます。なお、選択後「OK」するときはEnterキー、「キャンセル」するときはEscキーをそれぞれ押します。

● Step2　書式を設定する

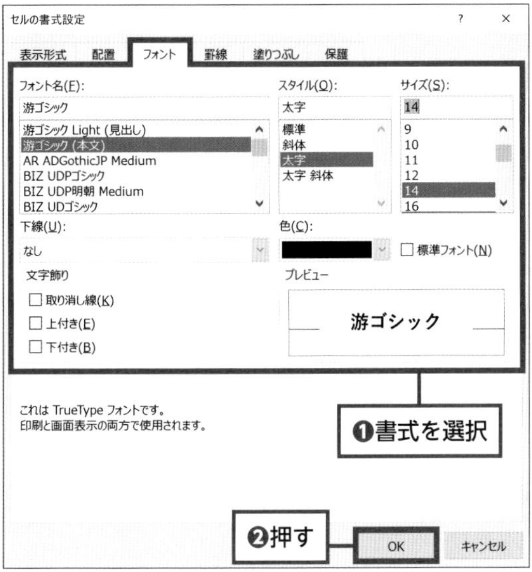

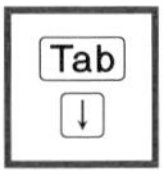

Tab キーを押して項目を移動し(「フォント」タブ)、↓キーを押して設定する書式を選択する(❶)。

「OK」を押す(❷)。

● Step3　文字列に書式が設定される

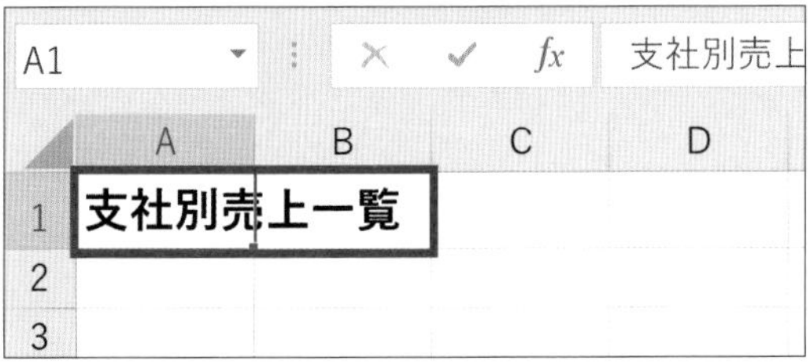

フォントサイズが「14」に設定される。

MEMO

「セルの書式設定」ダイアログボックスで表示するタブを切り替えたいときは、タブ名が選択されているときに矢印キーを押します。タブ内の設定が終わり、別のタブに変更したいときは、Tab キーを押します。

Ctrl + 1

書式設定したいセルを選択して、Ctrl+1キーを押すと、「セルの書式設定」ダイアログボックスが開きます。最初に表示されるのは「表示形式」タブですが、次に開くときは前回開いたタブが表示された状態で表示されます。

4-29 ワンタッチですばやくグラフ作成

データ分析に欠かせないグラフをいちばんかんたんに作成する方法は、ショートカットキー。キーボード操作さえ覚えれば、グラフシートでも、埋め込みグラフでも、あっという間に作成することができます。

選択した範囲を一瞬でグラフ化する

データを分析する方法として、数値のグラフ化は欠かせません。Excelでグラフを作成すること自体、とてもかんたんなのですが、実は、標準グラフ（デフォルトでは「棒グラフ」）であれば、ショートカットキーでもっと楽に作成することができます。通常のグラフ作成と同様、グラフ化したいデータを選択し、キーを押すだけです。キーボードだけで、手早く選択して、一瞬で作成できてしまいます。

Excelのグラフには、**表といっしょのシートにグラフを挿入する「埋め込みグラフ」と、グラフ用の別シートに作成する「グラフシート」の2種類がありますが、いずれもショートカットキーで作成することができます。**

● Step1　グラフ化したい範囲を選択する

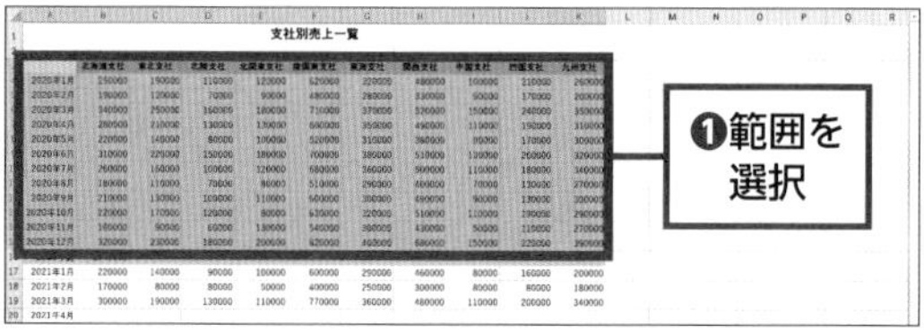

グラフ化したい範囲を選択する（❶）。

F11

F11キーを押して、グラフを作成する。

MEMO

ショートカットキーで作成されるグラフの種類は、標準グラフとして設定されているものです。標準グラフは、「グラフの種類の変更」ダイアログボックスで、グラフの種類のアイコンを右クリックし、「標準グラフに設定」を選択して変更することができます。

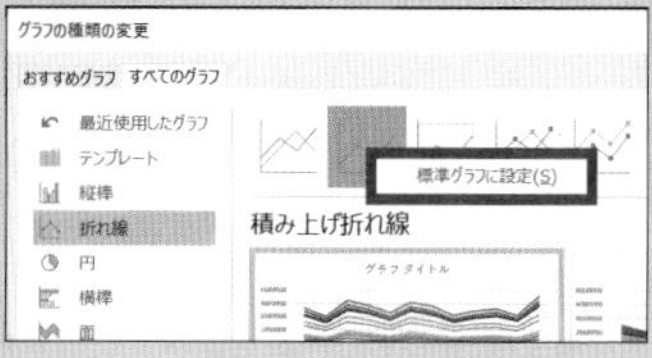

Step2　グラフが作成される

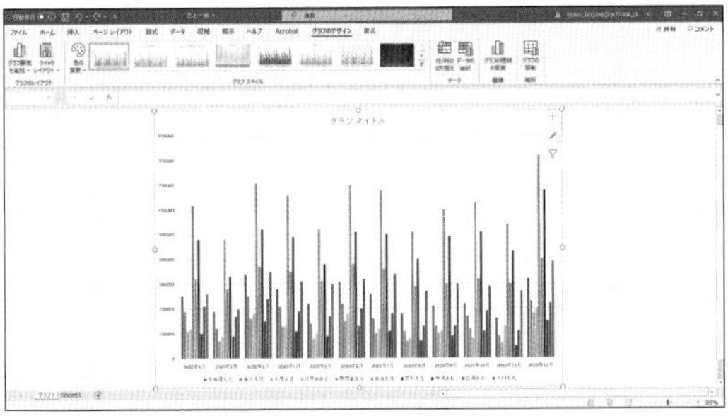

グラフシートにグラフが作成される。

Alt → H → D + S

表示したシートを削除するときは、Alt→H（「ホーム」タブを開く）→D+Sキー（「シートの削除」）の順に押します。

Alt + F1

表のあるシートにグラフを埋め込みたいときは、グラフ化したい範囲を選択し、Alt+F1キーを押します。キーを押すと、埋め込みグラフが作成されます。

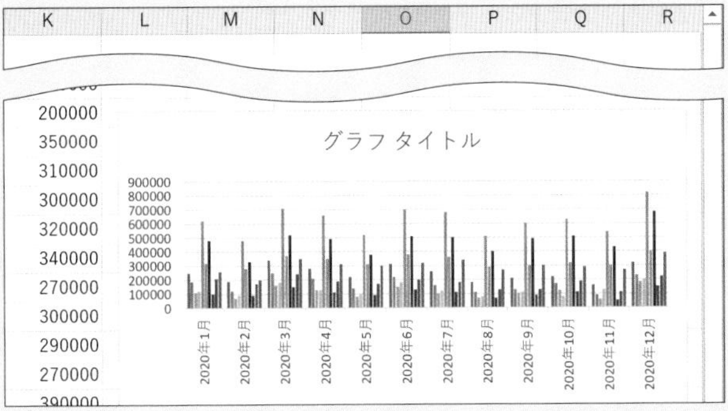

MEMO

年間売上のようにデータの内容によっては、グラフを作成することで数値の推移や最大値・最小値を一目で確認することができ、便利です。会議中など、表のデータをワンタッチでグラフ化できると進行もスムーズになるでしょう。

4-30 Excel保存時のうれしい小技

Excelでは、最後に保存されたときに、選択されたセルの情報も含めて保存されます。次に開くときのことを考えて、見やすい位置、作業しやすい位置に選択セルを移動させてから保存するとよいでしょう。

セルをシートのA1に移動する

Excelでは、最後に保存されたときに、選択されたセルの情報も含めて保存されるため、作業が終了した直後の状態で保存すると、ブックを開いたときに中途半端なページが表示されてしまいます。取引先や顧客とのやり取りでは、とくに注意したいところです。作業途中の状態を保ちたいとき以外は、Excelデータが中途半端に表示されないよう、**保存する前に、セルを先頭セル（A1）に移動させておく癖をつけておきましょう**。

● セルをA1に移動する

	A	B	C	D	E	F	G
1	支社別売上一覧						
2							
3		北海道支社	東北支社	北陸支社	北関東支社	南関東支社	東海支社
4	2020年1月	250000	190000	110000	120000	620000	32000
5	2020年2月	190000	120000	70000	90000	480000	28000
6	2020年3月	340000	250000	160000	180000	710000	37000
7	2020年4月	280000	210000	130000	130000	660000	35000
8	2020年5月	220000	140000	80000	100000	520000	31000
9	2020年6月	310000	220000	150000	180000	700000	38000

Ctrl + Home

↓

	A	B	C	D	E	F	G
1	支社別売上一覧						
2							
3		北海道支社	東北支社	北陸支社	北関東支社	南関東支社	東海支社
4	2020年1月	250000	190000	110000	120000	620000	32000
5	2020年2月	190000	120000	70000	90000	480000	28000
6	2020年3月	340000	250000	160000	180000	710000	37000
7	2020年4月	280000	210000	130000	130000	660000	35000
8	2020年5月	220000	140000	80000	100000	520000	31000
9	2020年6月	310000	220000	150000	180000	700000	38000

Ctrlキーを押しながらHomeキーを押すと、アクティブなセルがA1に移動する。

Ctrl + End

Ctrl + Endキーを押すと、シート内の最後の入力済みのセルに移動することができます。

シート間を移動する

保存する時点で表示されているシートの情報も保存情報の対象です。そのため、セルの位置だけでなく、保存時には、シートの表示状態にも気を配りましょう。**シートの表示もショートカットキーでかんたんに切り替えることができます**。なお、キーボードの仕様によっては、Ctrl+Page Down／Page Upのほかに Fnキーを押す必要があります。

● Step1　右隣のシートに移動する

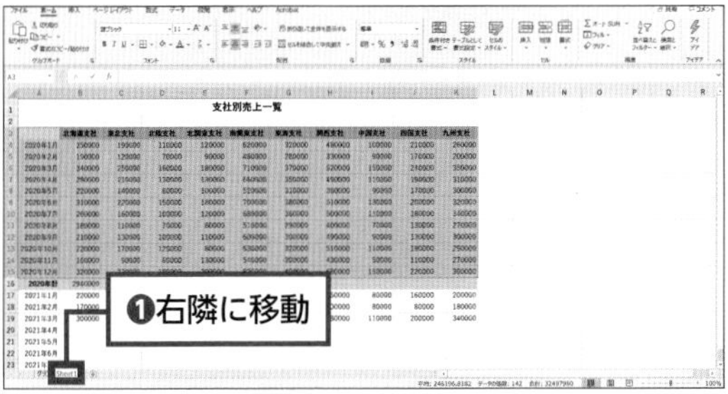

Ctrl+Page Down

Ctrlキーを押しながらPage Downキーを押すと、右隣のシート（ここではSheet1）に移動する（❶）。

● Step2　左隣のシートに移動する

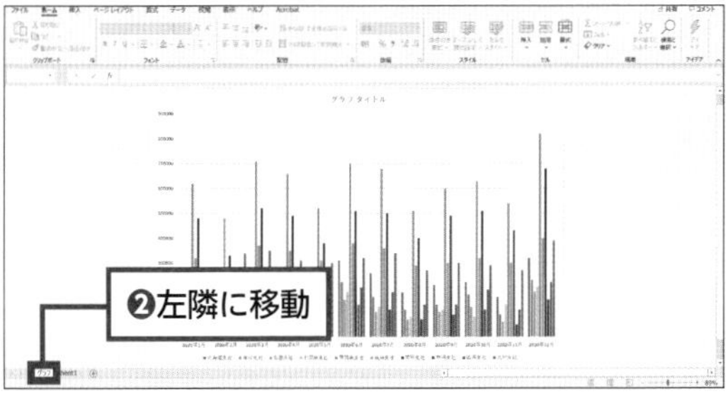

Ctrl+Page Up

Ctrlキーを押しながらPage Upキーを押すと、左隣のシート（ここではグラフ）に移動する（❷）。

Shift + F11

Shift+F11キーを押すと、新しいシートを追加することができます。

Shift + Ctrl + Page Down ／ Shift + Ctrl + Page Up

Shift+Ctrl+Page Downキーを押すと、現在開いているシートと次のシートを選択することができます。また、Shift+Ctrl+Page Upキーを押すと、現在開いているシートと前のシートを選択できます。

4-31 基本だからこそ欠かせないショートカットキー

よく使う操作は、とにかく楽に、かんたんに実行できることが重要です。「ここぞ！」という操作のショートカットキーだけとにかく覚えて、使いこなしていくことが、仕事のスピードアップにつながります。

ファイルを保存する

ショートカットキーを知っていると、保存の操作もかんたんです。また、**突然のトラブルに見舞われても大丈夫なように、とにかくまめに保存を行いましょう**。

● Step1　名前を付けて保存する

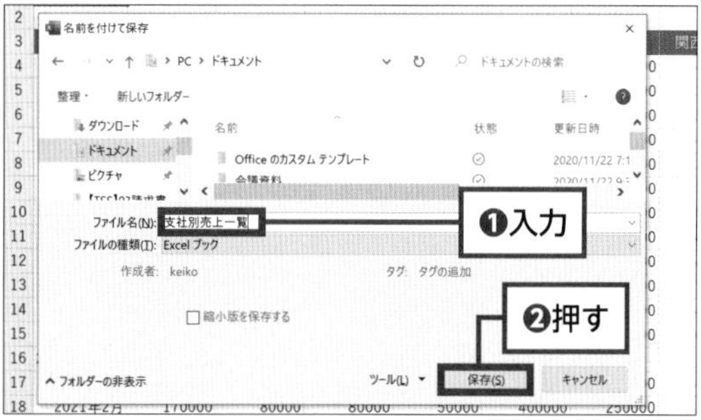

F12

F12キーを押して、「名前を付けて保存」ダイアログボックスを表示する。

Enter

ファイル名を入力し（❶）、Enterキーを押して名前を確定する（❷）。

● Step2　ファイルが名前を付けて保存される

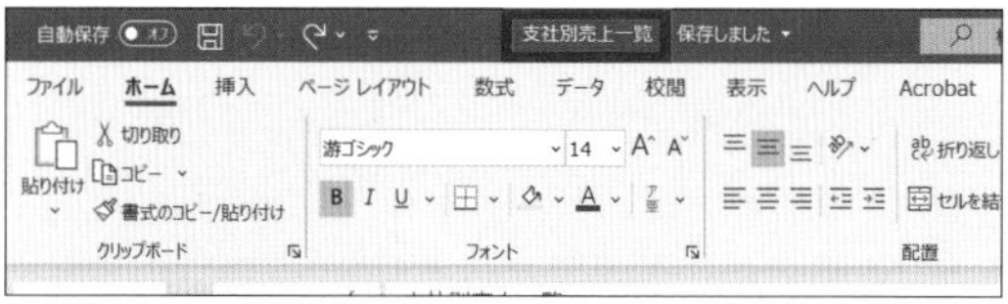

名前を付けて保存される。

Ctrl + S

Ctrl＋Sキーを押すと、「上書き保存」されます。ファイルの保存漏れは作業効率に大きくかかわるので、気付いたらCtrl＋Sキーを押すというぐらい頻繁に使いましょう。

ファイルを開く

作業中にファイルを開きたいとき、メニューから操作するのはとても面倒です。ショートカットキーを使えば、**新しいファイルを開くことも、既存のファイルを開くことも、キーボードだけで完結できます。**

● 新しいファイルを開く

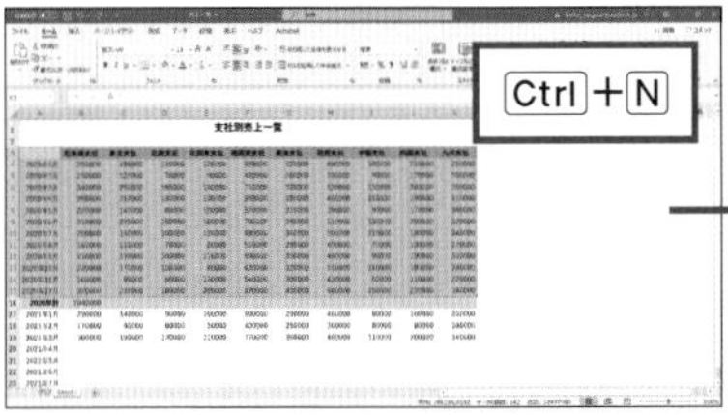

Ctrl キーを押しながら N キーを押す。

新しいファイルが開いて表示される。

● 既存のファイルを開く

Ctrl + O

Ctrl キーを押しながら O キーを押す。

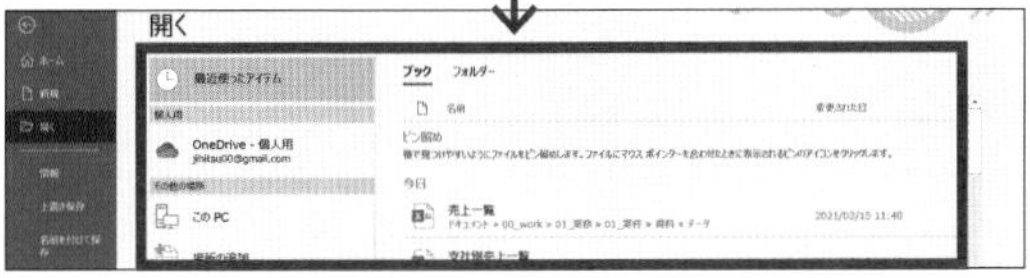

「開く」画面が表示されるので、任意のファイルを選択する。

● ファイルの操作時によく使うショートカットキー

ショートカットキー	操作
Ctrl + O	既存のファイルを開く
Alt → F → N	テンプレートからファイルを新規作成
Ctrl + F4	ファイルを閉じる（Excelは終了しない）
Alt + F4	Excelを終了する

Ctrl + F1

Ctrl + F1 キーを押すと、リボンの表示／非表示を切り替えることができます。ファイル全体を広く表示して見たいときや、リボン内のコマンドを確認したいときなど使い分けて利用するとよいでしょう。

シートを拡大／縮小する

シート上での作業や分析は、シートの見方を調整することで、格段に作業しやすくなります。**シートの拡大率は400%、縮小率は10%まで設定することが可能です**。

● Step1 「ズーム」ダイアログボックスを表示する

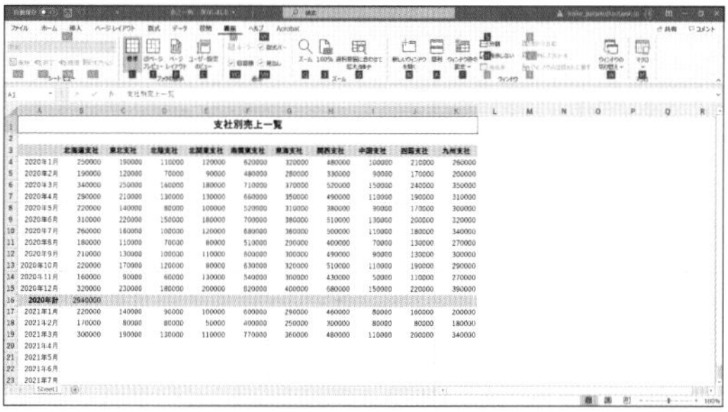

Alt

Altキーを押して、割り当てられたキーを表示する。

W

Wキーを押して、「表示」タブを表示する。

● Step2 倍率を設定する

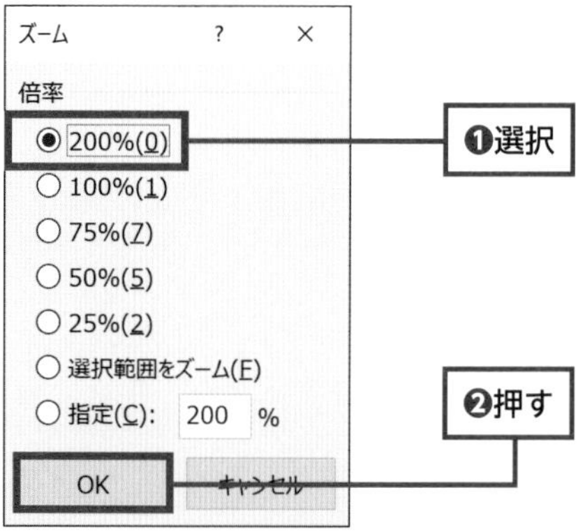

Q

Qキーを押して、「ズーム」ダイアログボックスを表示する。

↑／↓

↑または↓キーを押して、倍率を選択する（❶）。

Enter

Enterキーを押して、倍率を設定する（❷）。

● Step3 200%で表示される

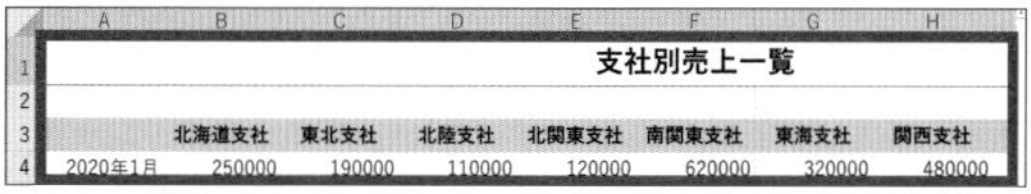

設定した倍率でシートが表示される。

Alt → W → J

Alt→W（「表示」タブを開く）→Jキー（「100%」）の順に押すと、画面を100%の表示倍率にできます。

ファイルを検索／置換する

データを入力したあと、数値に誤りがあった場合、一つ一つ打ち直していては手間がかかります。そこで活用したいのがデータの検索と置換です。Ctrl＋FまたはHキーを押すと「検索と置換」ダイアログボックスが表示されます。必要に応じて使い分けましょう。

● ファイル内を検索する

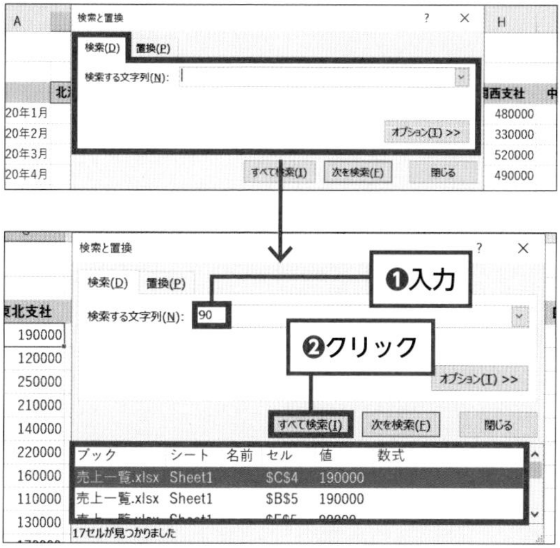

Ctrl＋F

Ctrlキーを押しながらFキーを押すと、「検索」タブが開いた状態で「検索と置換」ダイアログボックスが表示される。

「検索する文字列」に任意のデータを入力し（❶）、＜すべて検索＞をクリックすると（❷）、該当データが表示される。なお、＜次を検索＞をクリックすると、データを1つずつ検索できる。

● 文字列を置換する

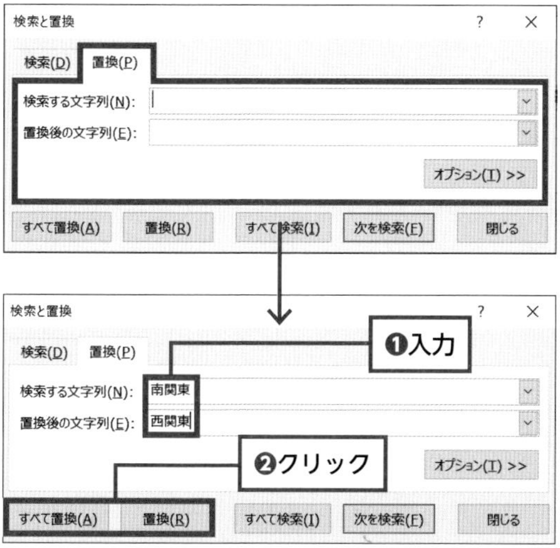

Ctrl＋H

Ctrlキーを押しながらHキーを押すと、「置換」タブが開いた状態で「検索と置換」ダイアログボックスが表示される。

「検索する文字列」と「置換後の文字列」にそれぞれデータを入力する（❶）。＜すべて置換＞をクリックすると全部、＜置換＞をクリックすると1つずつデータを変更できる（❷）。

4-32 キーボードショートカットを無理に覚える必要はない

Excelの機能の多くは、ショートカットキーで操作できます。キーボードのみの操作は手軽ですが、まずは実際に使ってみて便利だと思うショートカットキーから覚えて、使いこなしていくとよいでしょう。

使う機能だけを覚えて日々の業務を効率化する

たとえば、シートを拡大／縮小したい場合、マウスを使ったほうが視覚的にサイズを変更できるというよい面もあります（Ctrlキーを押しながらマウスホイールを利用)。重要なのは、日ごろの業務の効率化です。ショートカットキーも、使ってみて便利だと思った操作しか覚える必要はありません。

どの操作をショートカットキーで実行するかは、本当に便利かどうかで考えましょう。自分の業務内容とすり合わせながら「これだ！」と思うショートカットキー操作を身に付けましょう。

● マウスを使ってシートの表示倍率を変更する

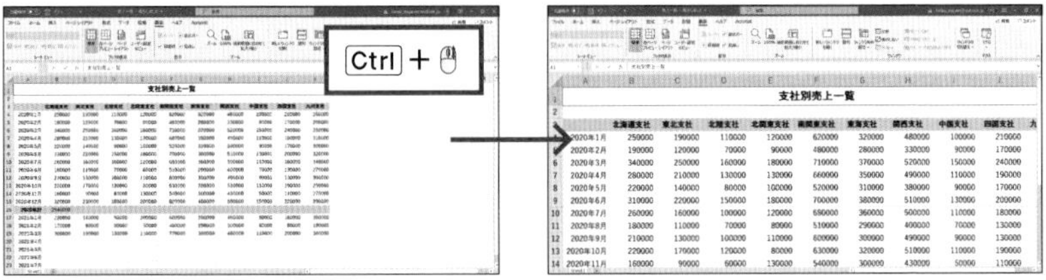

Ctrlキーを押しながらマウスホイールを上方向に回すと、サイズは大きくなる。下方向に回すと、サイズは小さくなる。

MEMO

Excelに限らず、ショートカットキーやキーボードだけでの操作について、なかなか覚えられない場合には諦めも肝心です。それよりも、日々の操作を速くすることに意識を向けましょう。1つのやり方に固執するのではなく、効率的かつ合理的な考えで広く捉えることが大切です。

4-33 Excelの裏技もキーボードならできる

Excelでは、マウスではできない、あるいは手間のかかる操作もショートカットキーで一瞬でできます。覚えておくと意外な場面で役立つかもしれません。

セル内を改行してすっきりさせる

セル内の文字列を好きな位置で改行してきれいに表示したいときは、改行したい位置で Alt ＋ Enter キーを押します。

● Step1　セル内で改行する

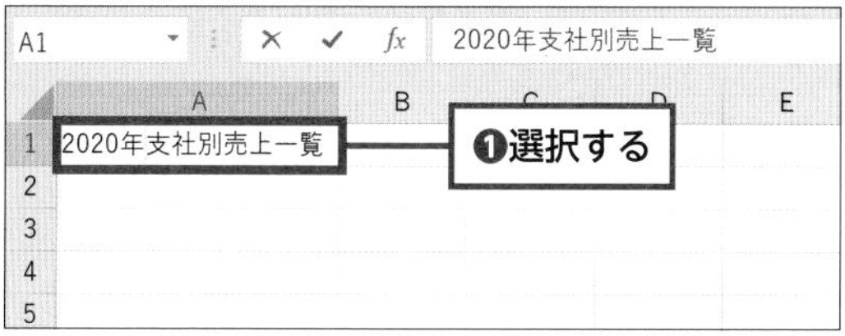

改行したいセルを選択する(❶)。

Alt ＋ Enter

Alt キーを押しながら Enter キーを押す。

● Step2　改行される

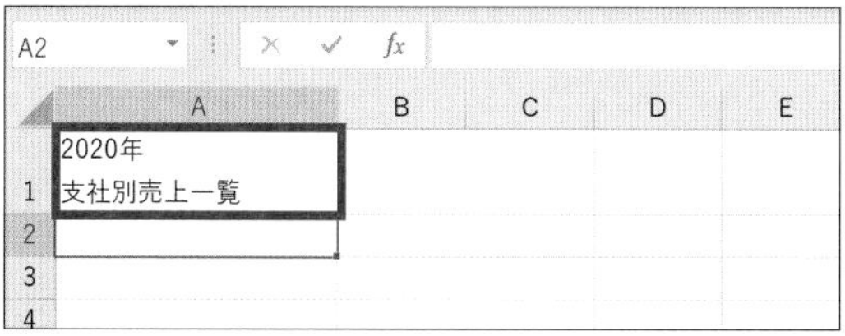

セル内で改行される。

MEMO

Excelでは「マクロ」機能を使用することで、正確に効率よく作業を行うことが可能です。マクロとは、操作の手順を事前に記録しておくもので、リストからの選択やショートカットキーにより記録した操作を自動的に実行できます。マクロの記録は、「表示」タブから操作可能です。マクロにショートカットキーを割り当てることで、高速で任意の操作を処理できるので、よく使う操作は記録しておくと便利です。

COLUMN

Excelの初回起動時のテンプレート選択を無効化する

Excelを起動したとき、初期状態では下図の画面が表示されるよう設定されています。この表示画面を無効化し、すぐに新規ブック画面が表示されるように設定することもできます。そうすることで、Excelを起動した際、「新規ブックを選択する」という操作を毎回行う必要がなくなります。頻繁にExcelを使用して業務を行う人などに、時間短縮の技としておすすめです。

● 起動時の画面

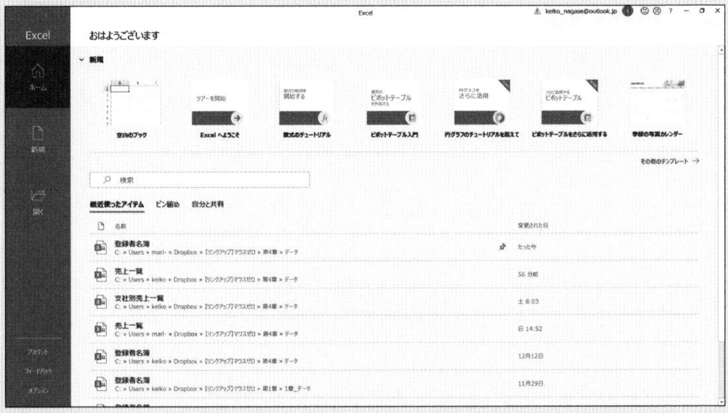

初期状態の表示画面を無効化するには、「ファイル」タブの「オプション」から「Excelのオプション」ダイアログボックスを表示します。「全般」の「起動時の設定」内にある＜このアプリケーションの起動時にスタート画面を表示する＞をクリックしてチェックを外し、設定します。

● Excelの「オプション」

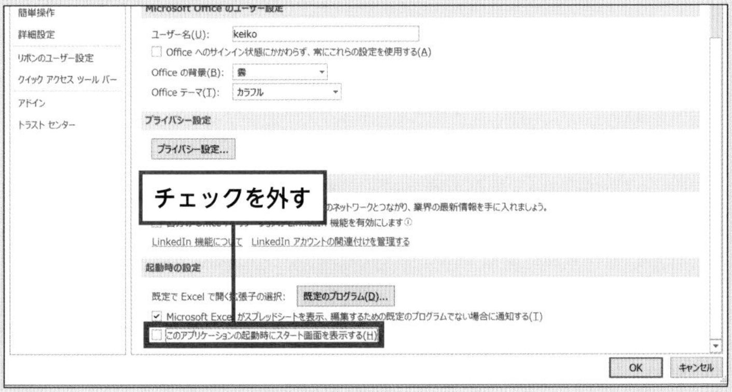

第5章

きれいな文書をすぐ作る Wordの高速技

ビジネス文書の作成にWordは欠かせません。多くのオフィスワーカーが毎日使うソフトウェアでしょう。文字入力のほかにもWordを高速化する余地は数多くあります。
この章では、Wordで文書を作成する際に、すばやく設定をしたり、処理を行ったりするショートカットキーを紹介します。Wordの主要機能に1秒でアクセスする技や、文字列や段落の範囲選択を叶えるショートカットキーについても説明します。また、事前にかんたんな準備を行うことで、スムーズに文書作成を行う術にも触れています。仕事で使う機会の多いソフトウェアだからこそ、操作速度の向上の積み重ねが大きくなります。ぜひ身に付けましょう。

5-34 Wordの機能を使いこなすにはショートカットキーが必須

Wordを操作する際、ショートカットキーの知識があるのとないのとでは、スムーズさが違います。基本操作はもちろん、長文作成に便利なアウトラインの操作にもショートカットキーは効果的です。

文書作成をもっと便利にする

Wordを操作するうえでも、ショートカットキーを含めたキーボード操作の知識は非常に強い味方です。文字入力が操作の主となるWordだからこそ、ショートカットキーの活用は欠かせません。

見た目の細かな部分にこだわりたいときなども、わざわざマウスへの持ち変えは不要です。**基本操作が中心のA4用紙1枚に収まるような文書も、アウトラインなどWordの特徴的な機能を活用した論文のような長文も、キーボードだけでスマートに作成できます。**

● 基本操作に便利なショートカットキー

ショートカットキー	操作
Ctrl+X	選択した部分の切り取り
Ctrl+C	選択した部分のコピー
Ctrl+V	切り取りやコピーした部分の貼り付け
Ctrl+Z	操作をもとに戻す
Ctrl+Y	操作をやり直す
F12	名前を付けて保存
Ctrl+S	上書き保存
Ctrl+F	文書内を検索
Ctrl+H	置換

上記のショートカットキーを覚えておくだけでも大幅な時間短縮につながります。打ち込んだ文章をわかりやすく整えていく際には、文や言葉の入れ替えが生じます。そのようなときにとくに役立つのが、Ctrl+Xキーや Ctrl+Vキーです。また、文章を読むときには、キーワードで検索できるCtrl+Fキーも欠かせません。

印刷も一瞬で

作成した文書は、データのみならず、紙媒体で使用する場面も少なくありません。「印刷」の操作も、もちろんショートカットキーであっという間にできます。Ctrl＋Pキーを押すと、「印刷」画面が表示されます。Enterキーを押せばすぐにそのまま印刷です。また、Tab／Shift＋Tabキーで設定の各項目を選択し、最後に「印刷」を選択してEnterキーを押すと、実行できます。

● Step1　「印刷」画面を開く

印刷したい文書を開く。

Ctrl＋P

Ctrlキーを押しながらPキーを押して、「印刷」画面を開く。

● Step2　印刷の設定をする

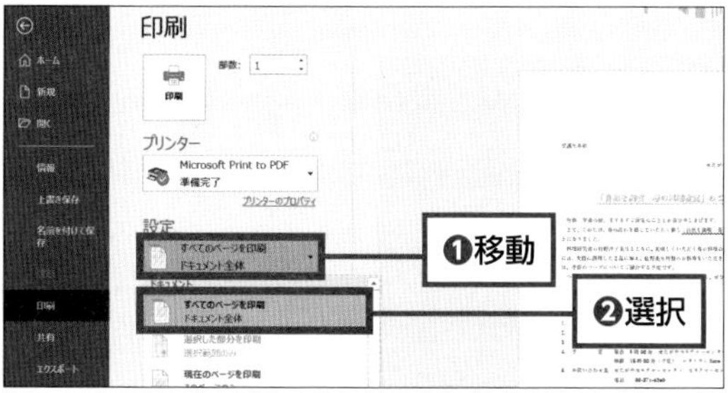

「印刷」画面が開く。

Tab／↓／Enter

Tabキーを押すと、下方向に移動する（❶）。↓キーを押して、任意の設定（ここではすべてのページを印刷）を選択したら（❷）、Enterキーを押して確定する。

● Step3　印刷を実行する

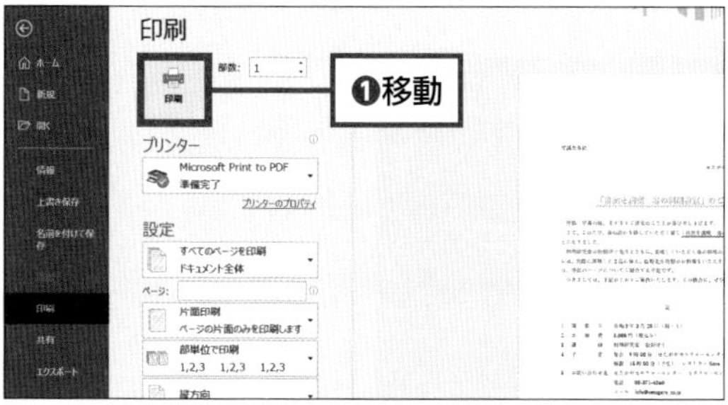

Shift＋Tab

Enter

Shiftキーを押しながらTabキーを押すと、上方向に移動する（❶）。「印刷」を選択したら、Enterキーを押して印刷を実行する。

5-35 もっと速くするWordの基本操作

Excelと同じく「リボン（メニューバー）」の操作も、表示されるキーを順に押すだけで実行できます。よく使う操作を「クイックアクセスツールバー」に登録すれば、便利度はさらに増すでしょう。

ワンタッチでメニューにアクセスする

リボン内の「タブ」や「コマンド」は、[Alt]キーを押すことで割り当てられたキーを表示できます。リボンには、Wordでできる操作のほぼすべてが収められているので、実質すべての操作をキーボードのみで実行できるということです。キーボードをうまく使って、文書の作成をサクサクこなせるようになりましょう。

● Step1　割り当てられたキーを確認する

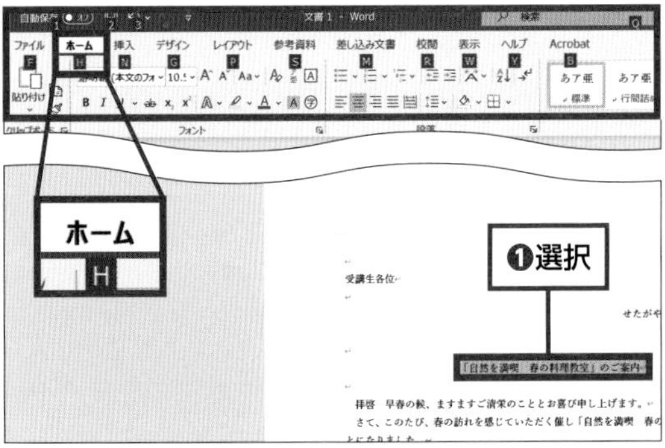

あらかじめ操作対象の文字列を選択しておく（❶）。

[Alt]

[Alt]キーを押して、割り当てられたキーを表示する。

[H]

[H]キーを押して、「ホーム」タブを開く。

● Step2　文字列に「網掛け」を設定する

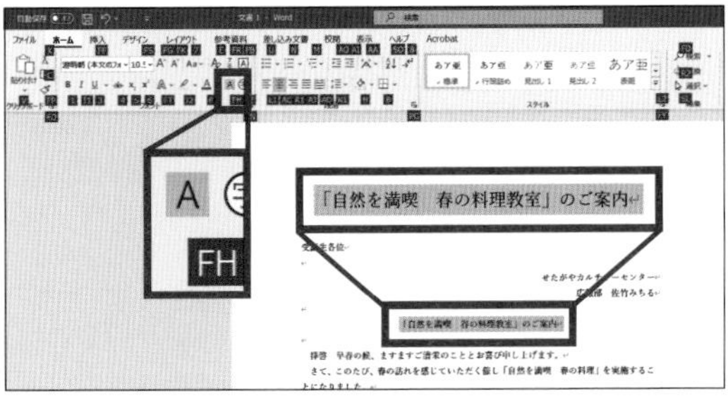

[F]
[H]

[F]キーを押してから[H]キー（「網掛け」）を押すと、選択した文字列に「網掛け」が設定される。

クイックアクセスツールバーを使う

どれだけ入力が速くて正確でも、設定の操作で時間を取ってしまっては意味がありません。**効率的に文書作成するには、便利な機能はどんどん活用し、できる限り操作を簡略化するべきです**。ショートカットキーはもちろんのこと、「クイックアクセスツールバー」などを利用して、操作の無駄を省いていきましょう。基本操作はExcelのものと同じです。クリック、もしくは[Alt]＋数字キーで操作できます。

クイックアクセスツールバーのおすすめ項目

クイックアクセスツールバーには自由に項目を追加できます。筆者がおすすめするのは「クイック印刷」です。クイック印刷は印刷プレビューなどを飛ばして即座に印刷する機能です。Wordではほとんどの場合、印刷と同じレイアウトで編集しているので、クイック印刷を追加しておけば瞬時に、思いどおりに印刷できます。

● Step1 「クイックアクセスツールバーのユーザー設定」を表示する

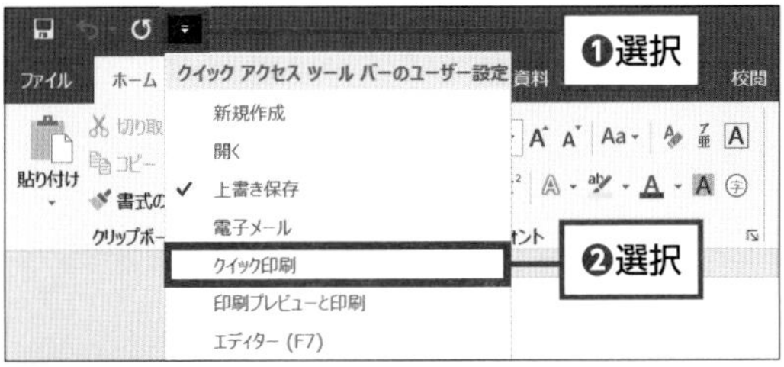

画面左上の▼を選択する（❶）。「クイックアクセスツールバーのユーザー設定」が表示されるので、「クイック印刷」を選択する（❷）。

● Step2 クイック印刷が追加される

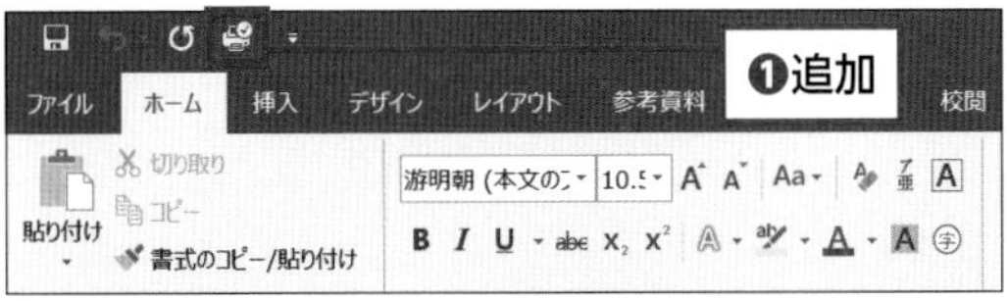

クイックアクセスツールバーに（「クイック印刷」）が追加される（❶）。

● Step3 クイック印刷を確認する

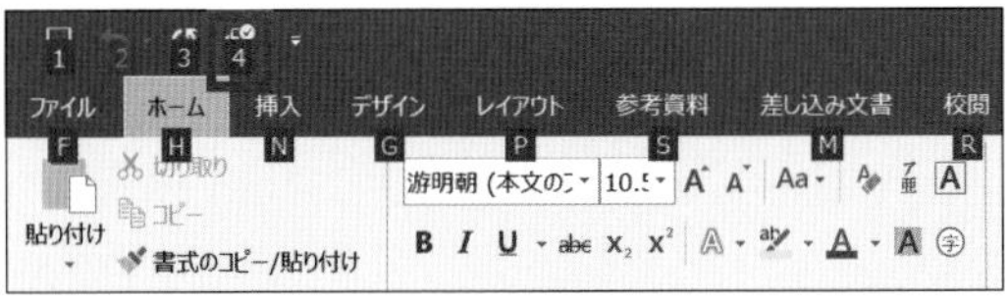

[Alt]

[Alt]キーを押すと、割り振られたキー（ここでは[4]キー）を確認できる。

5-36 文字列選択はキーボードでも超快適

「範囲選択」は、見た目の整った文書を作成する作業において、欠かせない操作です。文字の選択はマウスのほうが楽そうと思った方もいるかもしれませんが、実はキーボードだけでも快適です。

文字列を選択する

文字列の範囲選択は、Wordでもっともよく使う操作です。**キーボードで文字列を範囲選択するときは、Shiftキーと選択したい方向の矢印キーを組み合わせて押します**。キーを押した回数分だけ文字数が選択されます。

なお、選択しすぎてしまった場合は、反対の矢印キーを押すとかんたんに戻すことができます。キーボードだと改行記号を選びたくないときなど、マウスのドラッグでは微調整が難しい範囲選択のときに有効です。

● Step1　文字列を選択する

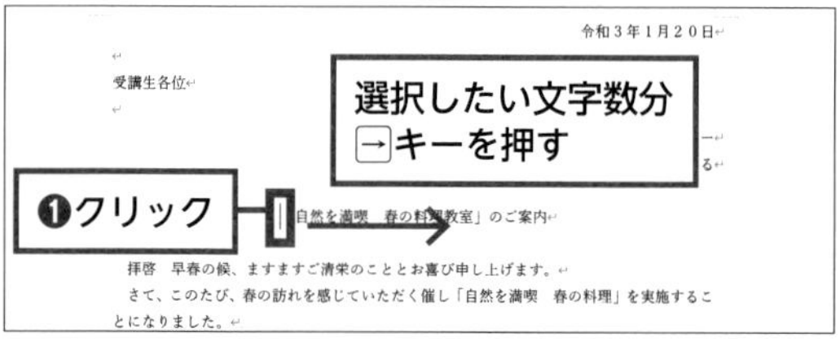

令和３年１月２０日
受講生各位
選択したい文字数分
→キーを押す
❶クリック
「自然を満喫　春の料理教室」のご案内
拝啓　早春の候、ますますご清栄のこととお喜び申し上げます。
さて、このたび、春の訪れを感じていただく催し「自然を満喫　春の料理」を実施することになりました。

文字列の先頭にカーソルを置く（❶）。

Shift ＋ →

Shiftキーを押しながら→キーを押して、文字列を選択する。

● Step2　範囲が選択される

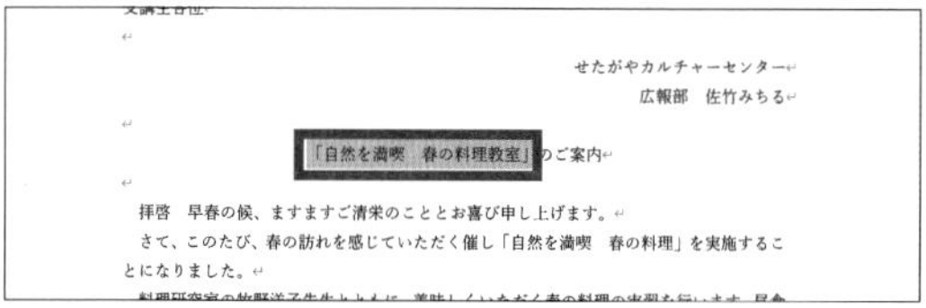

せたがやカルチャーセンター
広報部　佐竹みちる
「自然を満喫　春の料理教室」のご案内
拝啓　早春の候、ますますご清栄のこととお喜び申し上げます。
さて、このたび、春の訪れを感じていただく催し「自然を満喫　春の料理」を実施することになりました。

→キーを押した分だけ、選択する範囲が広がる。選択を解除したいときは、Escキーを押す。

Shift ＋ ←

Shift＋←キーを押すと、カーソルの左側の文字列を選択できます。また、右側に選択された文字列の範囲を戻すときにも使用します。

行を選択する

　複数の行をまとめて範囲選択したいときも、ショートカットキーを使うとかんたんです。**選択する範囲の先頭位置にカーソルを置き、Shift キーを押しながら↓キー（上方向なら↑キー）を押すと、カーソル位置から行単位で選択できます。**

　行頭だけでなく行の途中からも使えます。Shift ＋→（←）キーとも併用できるので細かい調整も効きます。

● Step1　複数行を選択する

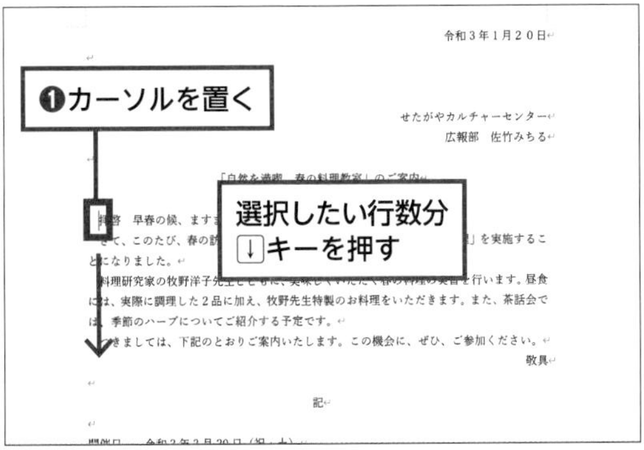
令和３年１月２０日
❶カーソルを置く
せたがやカルチャーセンター
広報部　佐竹みちる
選択したい行数分
↓キーを押す
敬具
記

選択する範囲の先頭にカーソルを置く（❶）。

Shift ＋↓

Shift キーを押しながら↓キーを押して、複数の行を選択する。

● Step2　範囲が選択される

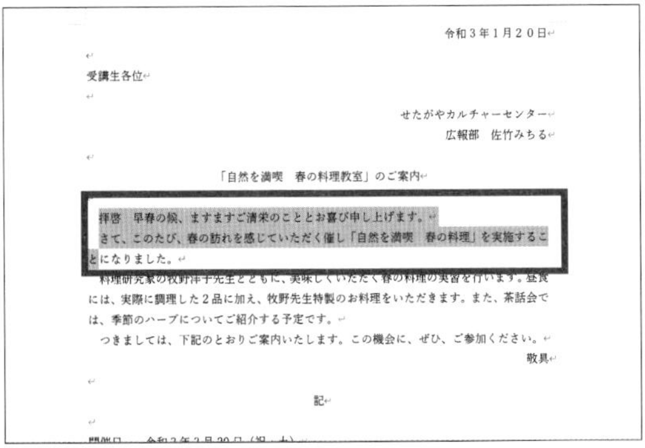
令和３年１月２０日
受講生各位
せたがやカルチャーセンター
広報部　佐竹みちる
「自然を満喫　春の料理教室」のご案内
拝啓　早春の候、ますますご清栄のこととお喜び申し上げます。
さて、このたび、春の訪れを感じていただく催し「自然を満喫　春の料理」を実施することになりました。
料理研究家の牧野洋子先生とともに、美味しくいただく春の料理の実習を行います。昼食には、実際に調理した２品に加え、牧野先生特製のお料理をいただきます。また、茶話会では、季節のハーブについてご紹介する予定です。
つきましては、下記のとおりご案内いたします。この機会に、ぜひ、ご参加ください。
敬具
記

↓キーを押した分だけ、選択する範囲が広がる。ここから Shift ＋→キーなどでも調整できる。

Shift ＋↑

Shift ＋↑キーを押すとカーソルの上側の行を選択できます。また、下側に選択された行の範囲を戻すときにも使用できます。

段落を選択する

Wordにおいては範囲選択は、段落単位でも可能です。**選択する範囲の先頭にカーソルを置き、Ctrlキーと Shift キーを押しながら↓キーを押すと、カーソル位置から段落単位で選択されます。**

● Step1　段落を選択する

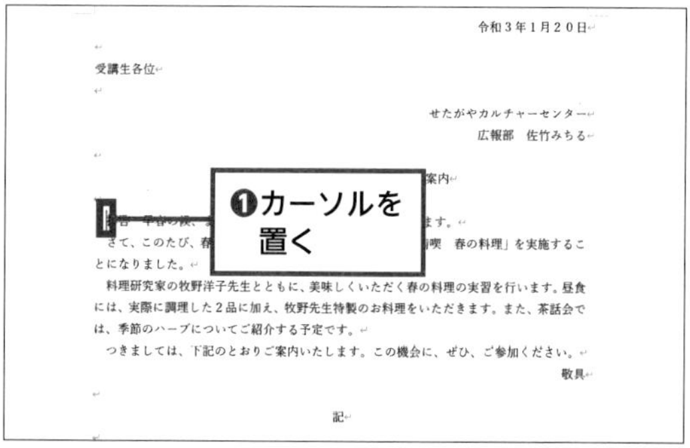

令和３年１月２０日
受講生各位
せたがやカルチャーセンター
広報部　佐竹みちる
案内
ます。
さて、このたび、春
満喫　春の料理」を実施するこ
とになりました。
料理研究家の牧野洋子先生とともに、美味しくいただく春の料理の実習を行います。昼食には、実際に調理した２品に加え、牧野先生特製のお料理をいただきます。また、茶話会では、季節のハーブについてご紹介する予定です。
つきましては、下記のとおりご案内いたします。この機会に、ぜひ、ご参加ください。
敬具
記
❶カーソルを置く

選択したい段落の先頭にカーソルを置く（❶）。

Ctrl ＋ Shift ＋ ↓

Ctrlキーと Shift キーを押しながら↓キーを押すと、１段落選択される。

MEMO

段落の途中にカーソルを置いてCtrl ＋ Shift ＋↓キーを押すと、カーソルの位置から１段落、さらに押すと次の段落全体が選択されます。なお、Wordでの段落の単位は、改行（改段落）した次の行から、次の改行までの間を指します。

● Step2　複数の段落が選択される

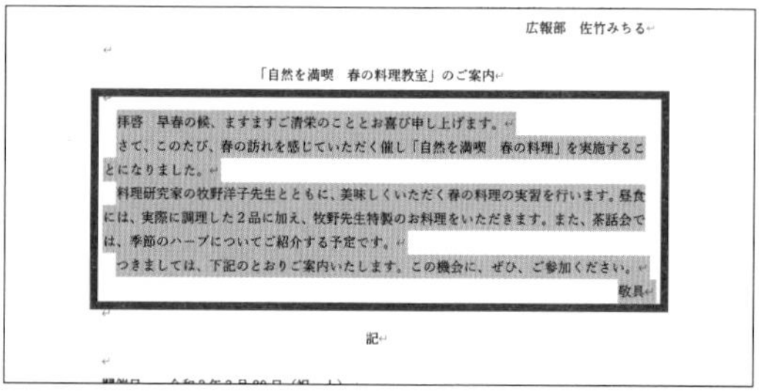

広報部　佐竹みちる
「自然を満喫　春の料理教室」のご案内
拝啓　早春の候、ますますご清栄のこととお喜び申し上げます。
さて、このたび、春の訪れを感じていただく催し「自然を満喫　春の料理」を実施することになりました。
料理研究家の牧野洋子先生とともに、美味しくいただく春の料理の実習を行います。昼食には、実際に調理した２品に加え、牧野先生特製のお料理をいただきます。また、茶話会では、季節のハーブについてご紹介する予定です。
つきましては、下記のとおりご案内いたします。この機会に、ぜひ、ご参加ください。
敬具
記

さらに↓キーを押すと、複数の段落が選択される。

Ctrl ＋ Shift ＋ ↑

Ctrl ＋ Shift ＋↑キーを押すと、カーソル位置から上の段落を選択できます。また、カーソルより下に選択された選択範囲を戻すときにも使用できます。

文頭／行末まで選択する

カーソルを置いた位置から文書の先頭まで、あるいは文書の末尾まですべてを選択したいときもショートカットキーで操作を実行することができます。ページ数の多い文書のときには、長いドラッグの煩わしさから解放されます。

● Step1　カーソル位置から文頭までを選択する

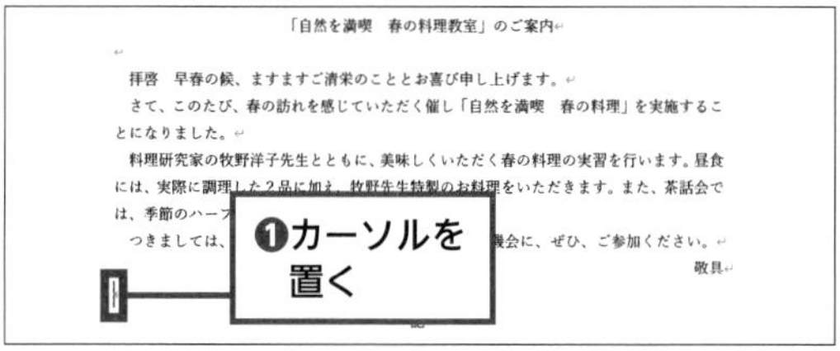
「自然を満喫　春の料理教室」のご案内
拝啓　早春の候、ますますご清栄のこととお喜び申し上げます。
さて、このたび、春の訪れを感じていただく催し「自然を満喫　春の料理」を実施することになりました。
料理研究家の牧野洋子先生とともに、美味しくいただく春の料理の実習を行います。昼食には、実際に調理した２品に加え、牧野先生特製のお料理をいただきます。また、茶話会では、季節のハーブ
つきましては、
機会に、ぜひ、ご参加ください。
敬具
❶カーソルを置く

選択したい位置にカーソルを置く（❶）。

Ctrl ＋ Shift ＋ Home

Ctrl キーと Shift キーを押しながら Home キーを押す。

● Step2　文頭まで範囲選択される

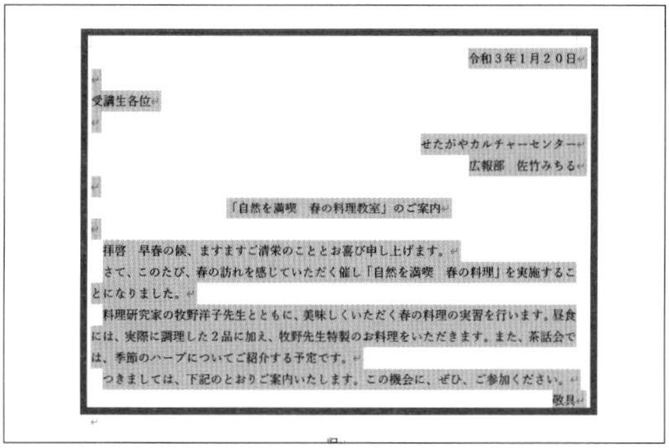
令和３年１月２０日
受講生各位
せたがやカルチャーセンター
広報部　佐竹みちる
「自然を満喫　春の料理教室」のご案内
拝啓　早春の候、ますますご清栄のこととお喜び申し上げます。
さて、このたび、春の訪れを感じていただく催し「自然を満喫　春の料理」を実施することになりました。
料理研究家の牧野洋子先生とともに、美味しくいただく春の料理の実習を行います。昼食には、実際に調理した２品に加え、牧野先生特製のお料理をいただきます。また、茶話会では、季節のハーブについてご紹介する予定です。
つきましては、下記のとおりご案内いたします。この機会に、ぜひ、ご参加ください。
敬具

カーソルを置いた位置から文頭まで選択される。

Ctrl ＋ Shift ＋ End

Ctrl ＋ Shift ＋ End キーを押すと、カーソル位置から文章の末尾まで選択することができます。

Ctrl ＋ A

Ctrl ＋ A キーを押すと、カーソルの置かれている文書全体を選択することができます。ここから Shift ＋矢印キーの組み合わせでいらないパートを削って選択するとコピーしやすいです。

5-37 基本の書式設定はいちいちマウスを使わない

範囲選択から書式の設定まで、Wordの基本操作は、キーボードだけで十分対応できます。文字列をマウスで選択して、さらにマウスで太字を探して設定……なんて煩わしさとはさよならしましょう。

フォントサイズを調整する

フォントのサイズは、ショートカットキーで1ポイントずつ調整できます。

Step1　フォントサイズを設定する文字列を選択する

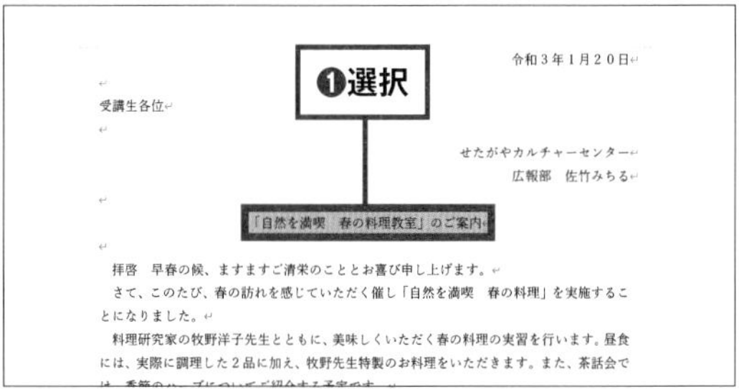

令和３年１月２０日

受講生各位

せたがやカルチャーセンター
広報部　佐竹みちる

「自然を満喫　春の料理教室」のご案内

拝啓　早春の候、ますますご清栄のこととお喜び申し上げます。
さて、このたび、春の訪れを感じていただく催し「自然を満喫　春の料理」を実施することになりました。
料理研究家の牧野洋子先生とともに、美味しくいただく春の料理の実習を行います。昼食には、実際に調理した２品に加え、牧野先生特製のお料理をいただきます。また、茶話会では、季節のハーブについてご紹介する予定です。

文字列を選択する（❶）。

Ctrl +]

Ctrl キーを押しながら] キーを押して、フォントサイズを1ポイントずつ大きくする。

Step2　フォントサイズが設定される

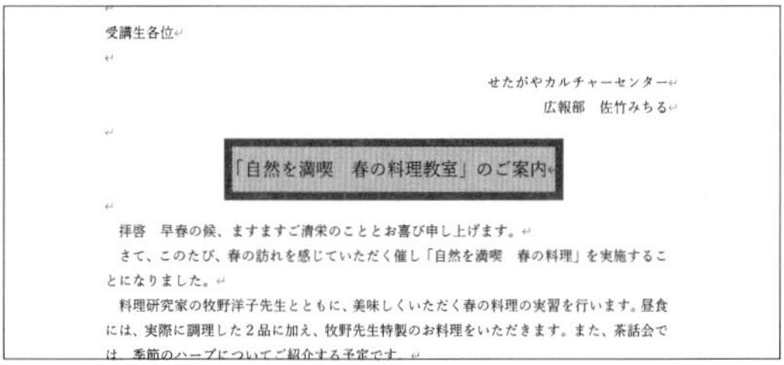
受講生各位

せたがやカルチャーセンター
広報部　佐竹みちる

「自然を満喫　春の料理教室」のご案内

拝啓　早春の候、ますますご清栄のこととお喜び申し上げます。
さて、このたび、春の訪れを感じていただく催し「自然を満喫　春の料理」を実施することになりました。
料理研究家の牧野洋子先生とともに、美味しくいただく春の料理の実習を行います。昼食には、実際に調理した２品に加え、牧野先生特製のお料理をいただきます。また、茶話会では、季節のハーブについてご紹介する予定です。

] キーを押した分だけ、フォントサイズが大きくなる。フォントを小さくしたい場合は Ctrl + [キーを押す。

Ctrl + [/ Alt → H → F + S

Ctrl + [キーを押すと、押した分だけフォントサイズが小さくなります。

フォントを数値指定で変更したいときは Alt → H → F + S キーも便利です。リボンで編集できます。

文字を修飾する

　Wordでは、フォントサイズを大きくしたり、太字や下線を設定したりするなど、文字を修飾する操作の頻度が高くなります。よく使う操作はショートカットキーを覚えるのがもっとも効率的です。**フォントサイズや太字、斜体などの書式設定は、ExcelやPowerPointのようなほかのソフトウェアでも同じショートカットキーが使えます**。

● 文字列に「太字」を設定する

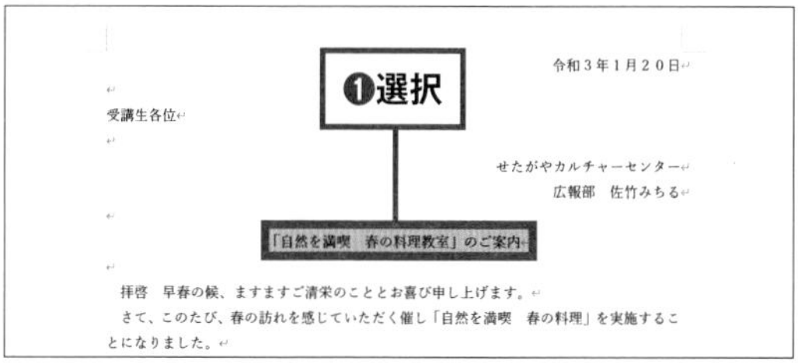
❶選択
令和３年１月２０日
受講生各位
せたがやカルチャーセンター
広報部　佐竹みちる
「自然を満喫　春の料理教室」のご案内
拝啓　早春の候、ますますご清栄のこととお喜び申し上げます。
さて、このたび、春の訪れを感じていただく催し「自然を満喫　春の料理」を実施することになりました。

文字列を選択する（❶）。

Ctrl ＋ B

Ctrlキーを押しながらBキーを押して、「太字」を設定する。なお、Ctrl＋Spaceキーを押すと、文字の修飾を解除できる。

● 文字列に「斜体」を設定する

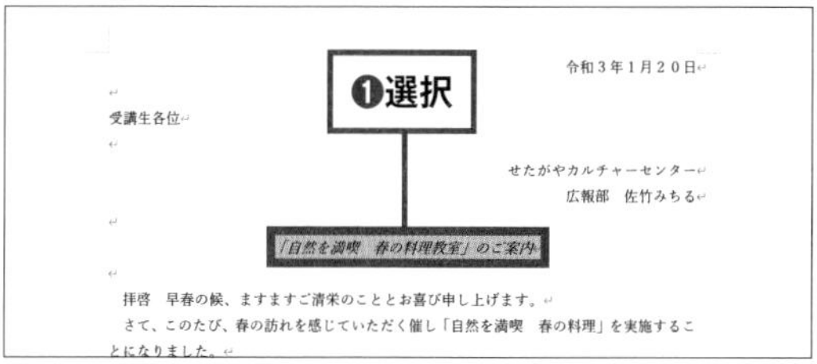
❶選択
令和３年１月２０日
受講生各位
せたがやカルチャーセンター
広報部　佐竹みちる
「自然を満喫　春の料理教室」のご案内
拝啓　早春の候、ますますご清栄のこととお喜び申し上げます。
さて、このたび、春の訪れを感じていただく催し「自然を満喫　春の料理」を実施することになりました。

文字列を選択する（❶）。

Ctrl ＋ I

Ctrlキーを押しながらIキーを押して、「斜体」を設定する。

● 文字列に「下線」を設定する

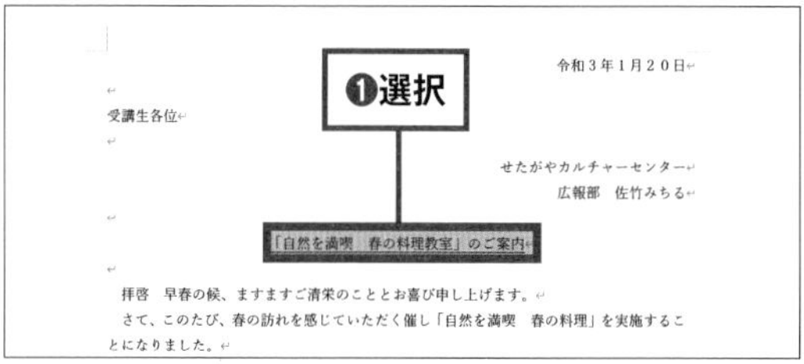
❶選択
令和３年１月２０日
受講生各位
せたがやカルチャーセンター
広報部　佐竹みちる
「自然を満喫　春の料理教室」のご案内
拝啓　早春の候、ますますご清栄のこととお喜び申し上げます。
さて、このたび、春の訪れを感じていただく催し「自然を満喫　春の料理」を実施することになりました。

文字列を選択する（❶）。

Ctrl ＋ U

Ctrlキーを押しながらUキーを押して、「下線」を設定する。

Ctrl ＋ Shift ＋ ＝ ／ Ctrl ＋ Shift ＋ ＋

　Ctrl＋Shift＋＝キーを押すと「下付き文字」、Ctrl＋Shift＋＋キーを押すと「上付き文字」を設定できます 。解除も同じショートカットキーです。

文字をきれいに揃える

見出しや日付など、文字列の配置を整える操作は文書作成時によく使います。とくに配置の操作は、**カーソルが段落内にあれば実行でき、ショートカットキーを使えば、入力作業の流れでスムーズに設定することができます**。

配置を「中央揃え」に設定する

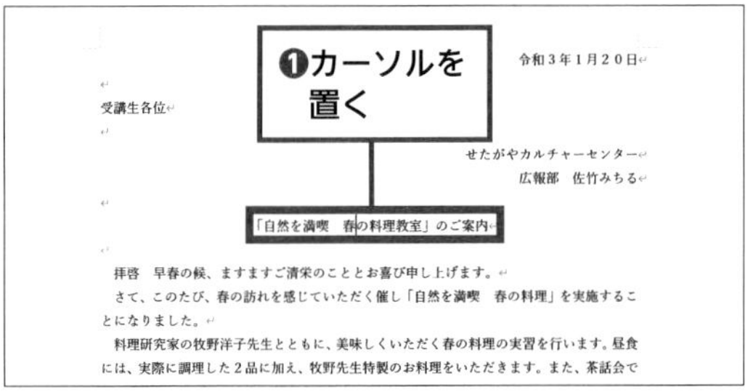
❶カーソルを置く
令和３年１月２０日
受講生各位
せたがやカルチャーセンター
広報部　佐竹みちる
「自然を満喫　春の料理教室」のご案内
拝啓　早春の候、ますますご清栄のこととお喜び申し上げます。
さて、このたび、春の訪れを感じていただく催し「自然を満喫　春の料理」を実施することになりました。
料理研究家の牧野洋子先生とともに、美味しくいただく春の料理の実習を行います。昼食には、実際に調理した２品に加え、牧野先生特製のお料理をいただきます。また、茶話会で

配置を設定する段落にカーソルを置く（❶）。

Ctrl ＋ E

Ctrl キーを押しながら E キーを押して、「中央揃え」を設定する。キーを押すたびに、「中央揃え」と「左揃え」が交互に切り替わる。

配置を「右揃え」に設定する

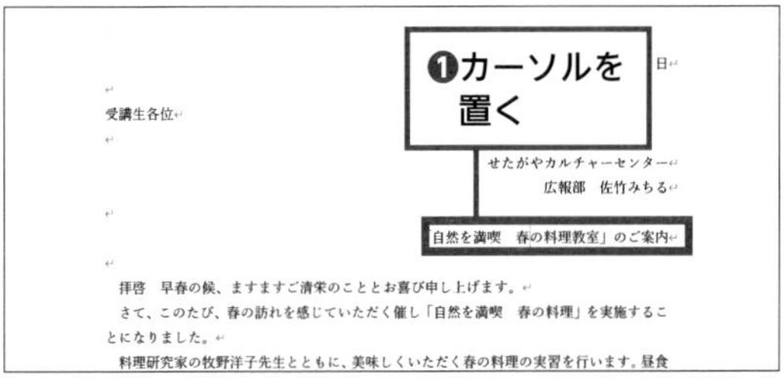
❶カーソルを置く
日
受講生各位
せたがやカルチャーセンター
広報部　佐竹みちる
「自然を満喫　春の料理教室」のご案内
拝啓　早春の候、ますますご清栄のこととお喜び申し上げます。
さて、このたび、春の訪れを感じていただく催し「自然を満喫　春の料理」を実施することになりました。
料理研究家の牧野洋子先生とともに、美味しくいただく春の料理の実習を行います。昼食

配置を設定する段落にカーソルを置く（❶）。

Ctrl ＋ R

Ctrl キーを押しながら R キーを押して、「右揃え」を設定する。キーを押すと、「右揃え」と「左揃え」が交互に切り替わる。

配置を「左揃え」に設定する

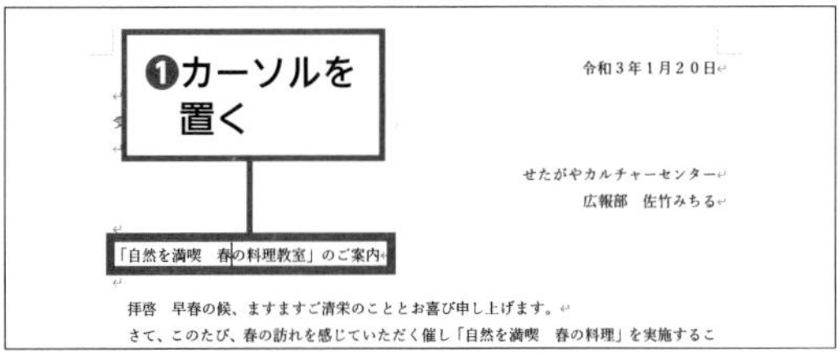
❶カーソルを置く
令和３年１月２０日
せたがやカルチャーセンター
広報部　佐竹みちる
「自然を満喫　春の料理教室」のご案内
拝啓　早春の候、ますますご清栄のこととお喜び申し上げます。
さて、このたび、春の訪れを感じていただく催し「自然を満喫　春の料理」を実施するこ

配置を設定する段落にカーソルを置く（❶）。

Ctrl ＋ L

Ctrl キーを押しながら L キーを押して、「左揃え」を設定する。

Ctrl ＋ J

Ctrl ＋ J キーを押すと、「両端揃え」に設定することができます。同じキーを押すと、「両端揃え」と「左揃え」が交互に切り替わります。

箇条書きに設定する

箇条書きをすばやく設定するには、ショートカットキーを使う方法と「入力オートフォーマット」を利用する方法があります。**入力オートフォーマットは、Wordの入力支援機能で、あらかじめ設定された条件に従って自動的に入力や書式設定を行います**。自動的に箇条書きとして入力したり、URLに自動的にハイパーリンクを設定したり、「記」と入力すると対応して「以上」が入力されるのもこの機能によるものです。ショートカットキーの例を紹介します。

● Step1 「箇条書き」を設定したい段落を選択する

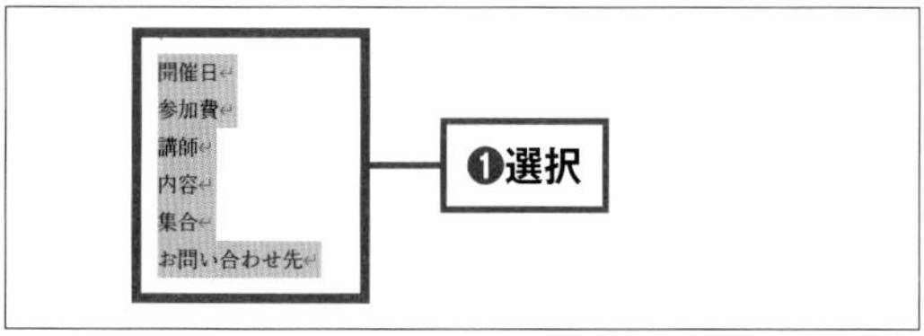

設定したい段落を選択する(❶)。

Ctrl + Shift + L

Ctrl キーと Shift キーを押しながら L キーを押す。

● Step2 「箇条書き」が設定される

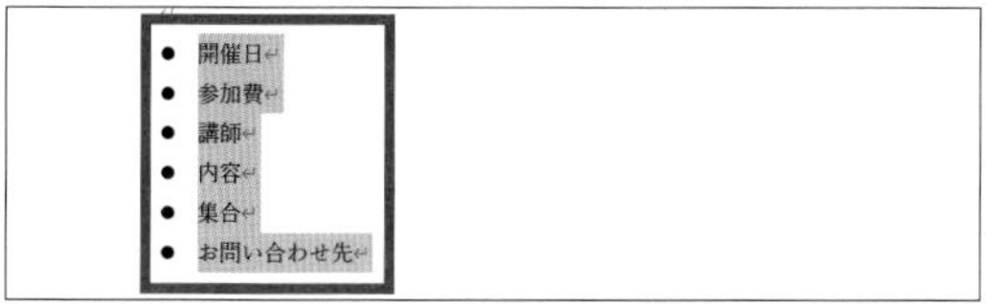

箇条書きが設定される。

MEMO

「入力オートフォーマット」により、「箇条書き」や「段落番号」は、入力しながら設定することもできます。文書内に記号（ここでは「・」）を入力し、Space キーを押したら（❶)、続きの文字を入力します。Enter キーを押すと、「箇条書き」が設定されます。

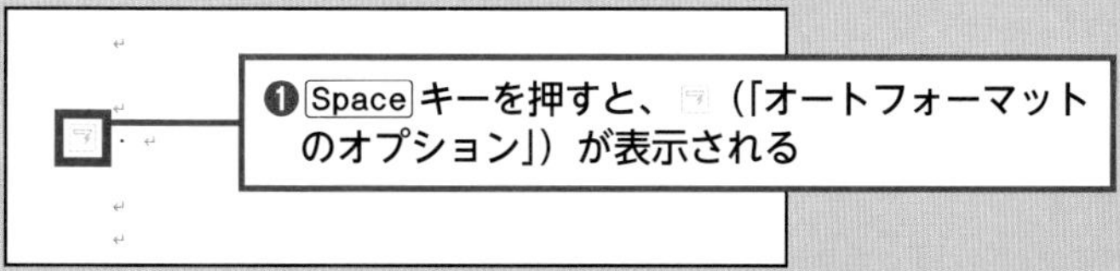

なお、数字を入力して Space キーを押すと、「段落番号」が設定されます。

5-38 書式をリセットする

Wordには文書の見た目をかんたんに整えたり、変更したりできる機能が備えられています。すべてを1から作り上げると時間がかかってしまうので、既存の設定を生かすことも仕事のスピードアップには重要です。

選択した範囲の書式を初期状態に戻す

設定した書式をすべて解除し、入力したときの状態にリセットしたい場合、一つ一つ解除していくのは大変です。**ショートカットキーを使えば、文字、段落、それぞれ設定した書式を、まとめて解除できます。**

● フォントの書式（フォントサイズや色・下線など）をリセットする

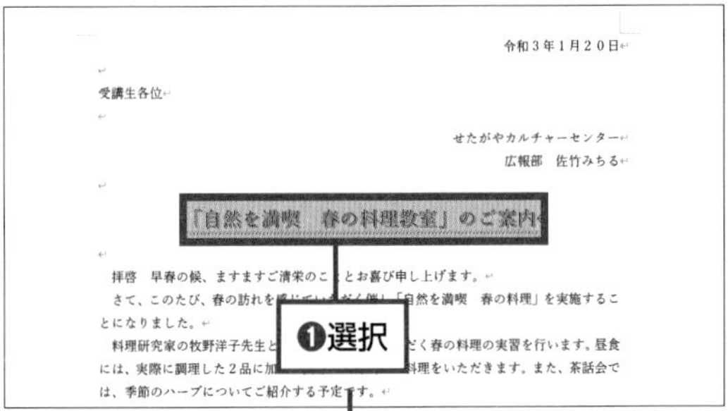
令和３年１月２０日
受講生各位
せたがやカルチャーセンター
広報部　佐竹みちる
「自然を満喫　春の料理教室」のご案内
とになりました。
❶選択
は、季節のハーブについてご紹介する予定です。

書式を解除する文字列を選択する（❶）。

Ctrl + Space

Ctrlキーを押しながらSpaceキーを押す。

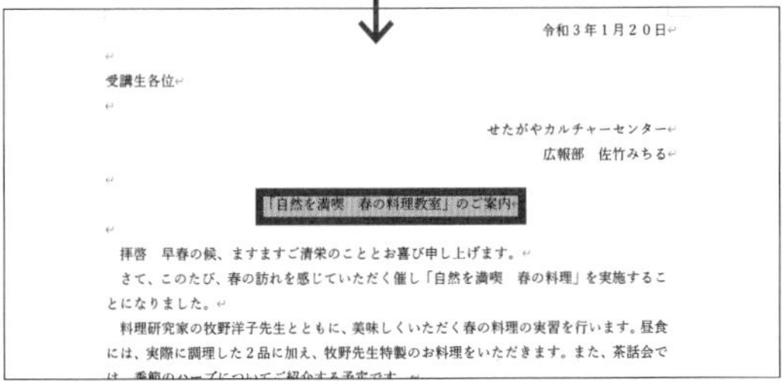
令和３年１月２０日
受講生各位
せたがやカルチャーセンター
広報部　佐竹みちる
「自然を満喫　春の料理教室」のご案内
拝啓　早春の候、ますますご清栄のこととお喜び申し上げます。
さて、このたび、春の訪れを感じていただく催し「自然を満喫　春の料理」を実施することになりました。
料理研究家の牧野洋子先生とともに、美味しくいただく春の料理の実習を行います。昼食には、実際に調理した２品に加え、牧野先生特製のお料理をいただきます。また、茶話会で

文字列に設定されていたフォントの書式がすべて解除される。ただし、これだと「中央揃え」のような段落に設定された書式は変更されない。

Ctrl + Shift + N

Ctrl + Shift + Nキーを押すと、選択した範囲のフォント、段落の書式をすべてリセットします。

段落の書式をリセットする

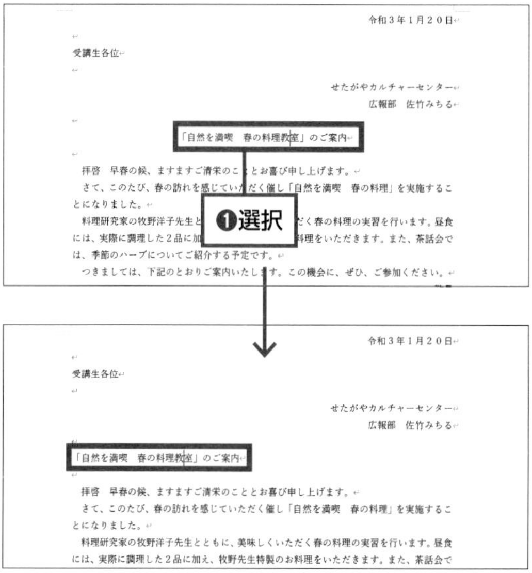

書式を解除する段落を選択する（❶）。

Ctrl + Q

Ctrlキーを押しながらQキーを押す。

段落に設定されていた書式がすべて解除される。ちなみに、Ctrl+Qキーではフォントサイズなどフォントの書式はリセットされない。

MEMO

書式に関する詳細を確認したいときは、「ホーム」タブの「フォント」「段落」の各コマンドから表示することができます。Altキーを押して割り当てられたキーを表示し、Hキー（「ホーム」タブ）を押します。Fキーを押してNキーを押すと「フォント」、Pキーを押してGキーを押すと「段落」のダイアログボックスがそれぞれ表示されます。

「フォント」に設定される書式

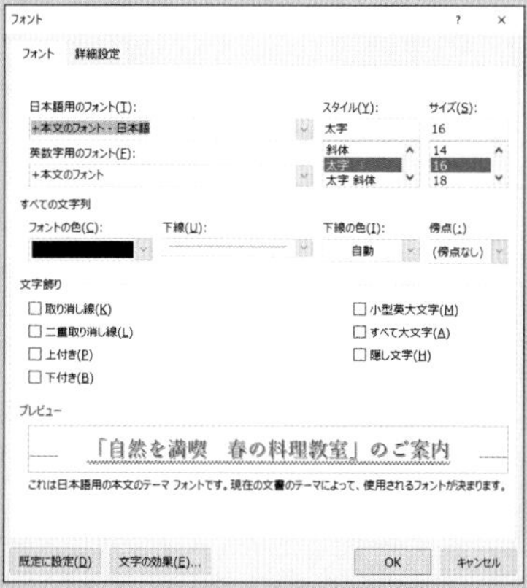

「段落」に設定される書式

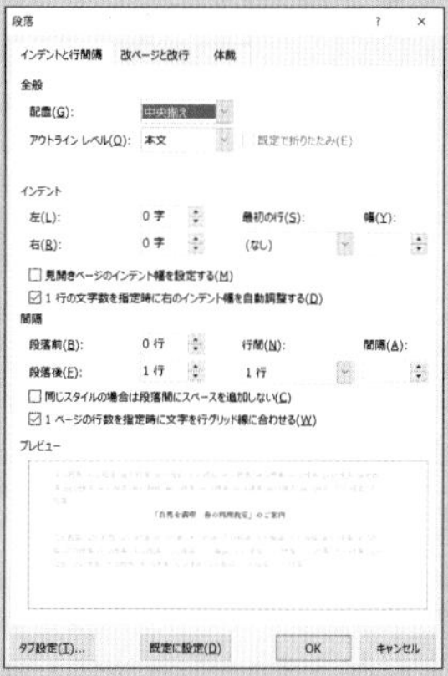

スタイルにショートカットキーを割り当てる

「スタイル」とは、複数の書式をまとめて、名前をつけて定義したものです。このスタイルをかんたんに設定できるようにしたものが、「クイックスタイルギャラリー」です。クイックスタイルギャラリーには、見出しや強調文字など、あらかじめ定義された17種類のスタイルがあります。これらの**スタイルにショートカットキーを割り当て、うまく活用することで、体裁のよい文書がすばやく作成できるようになります**。

● Step1 「スタイルの変更」ダイアログボックスを表示する

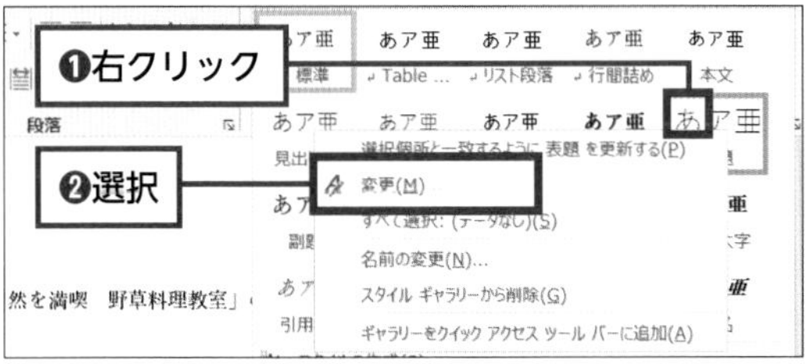

「ホーム」タブの「スタイル」グループで、ショートカットキーを割り当てたいスタイルを右クリックし（❶）、「変更」を選択して（❷）、「スタイルの変更」ダイアログボックスを表示する。

● Step2 「キーボードのユーザー設定」ダイアログボックスを表示する

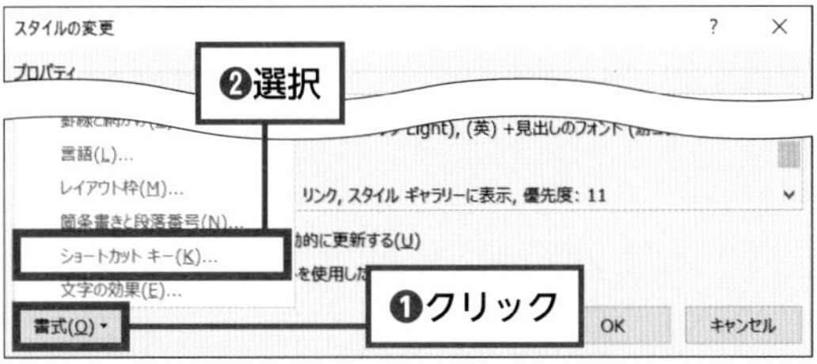

「スタイルの変更」ダイアログボックスが表示される。

<書式>をクリックし（❶）、「ショートカットキー」を選択して（❷）、「キーボードのユーザー設定」ダイアログボックスを表示する。

● Step3 ショートカットキーを割り当てる

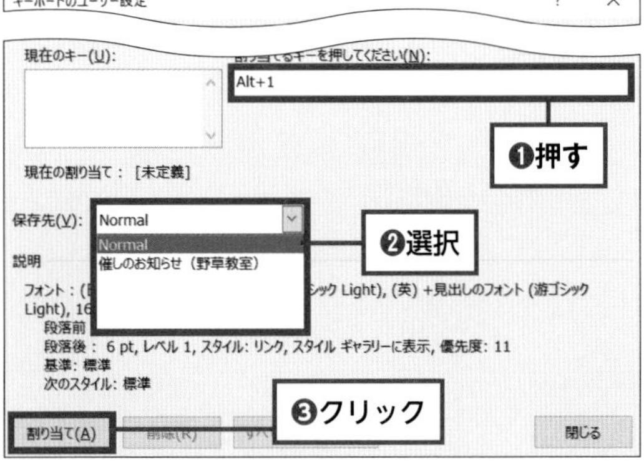

割り当てるショートカットキー（ここでは Alt + 1 キー）を押し（❶）、保存先を選択して（❷）、<割り当て>をクリックする（❸）。

MEMO

すでに定義されているショートカットキーを設定すると上書きされてしまうため、割り当てるショートカットキーは、Altキーとの組み合わせなど、ほかのコマンドで使用されている可能性の低いものを設定しましょう。

MEMO

保存先を「Normal.dotm（Normal)」にすると、割り当てたショートカットキーがすべての新規文書で利用できるようになります。

Step4　ショートカットキーが登録される

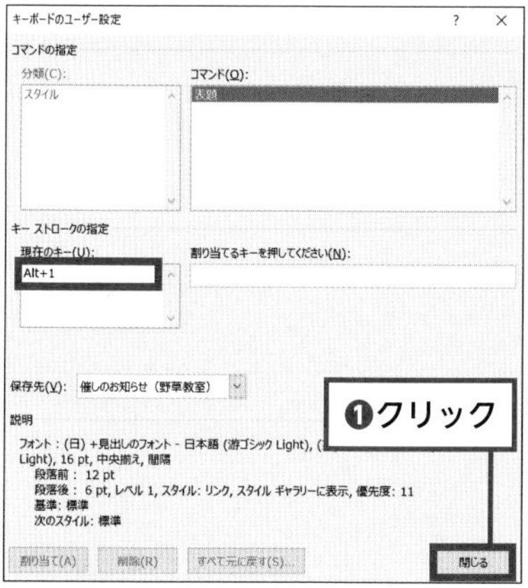

ショートカットキーが割り当てられる。

＜閉じる＞→＜OK＞の順にクリックする（❶）。

Step5　スタイルを適用したい文字列を選択する

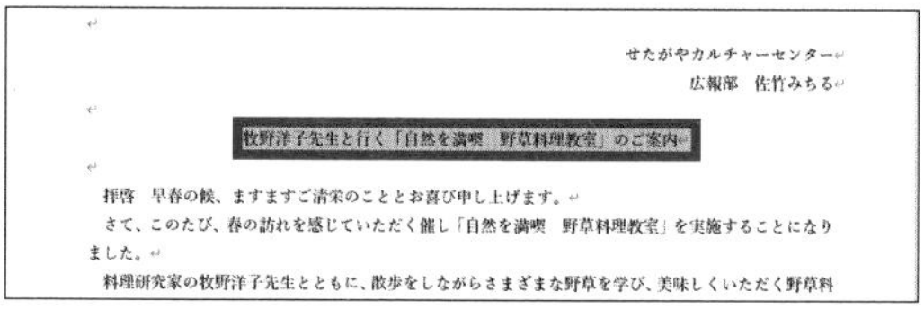

スタイルを適用したい文字列を選択する。

Step6　割り当てたショートカットキーでスタイルを適用する

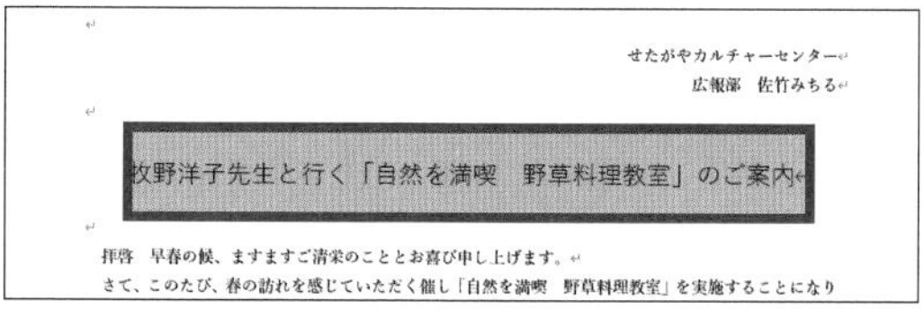

割り当てたショートカットキー（ここではAlt＋1キー）を押して、スタイルを適用する。

5-39 Wordのキーボードをカスタマイズする

割り当てられているショートカットキーが使いにくい、必要な操作にショートカットキーが割り当てられていない、といったときは自分で必要なコマンドにショートカットキーを割り当てましょう。

ショートカットキーを割り当てて使い勝手をよくする

ショートカットキーは、キーを使いやすいように変更したり、よく使う操作にキーを割り当てたりするなど、自由にカスタマイズできます。割り当てたショートカットキーは、Word全体で使うのはもちろん、特定のファイルでのみ使用することも可能です。ショートカットキーを自分の使いやすいようにアレンジし、作業をさらに効率よくしましょう。

● Step1 「Wordのオプション」ダイアログボックスを表示する

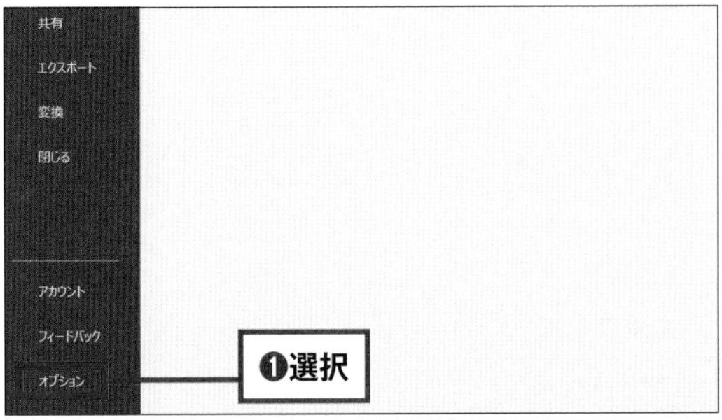

「ファイル」タブの「オプション」を選択して（❶）、「Wordのオプション」ダイアログボックスを表示する。

● Step2 「キーボードのユーザー設定」ダイアログボックスを表示する

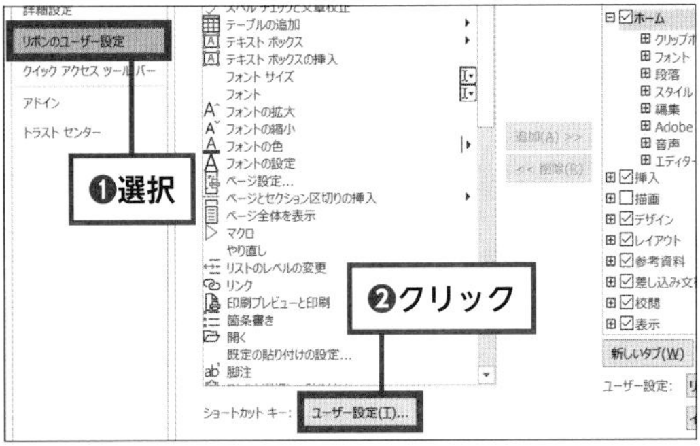

「Wordのオプション」ダイアログボックスが表示される。

「リボンのユーザー設定」を選択して（❶）、<ユーザー設定>をクリックし（❷）、「キーボードのユーザー設定」ダイアログボックスを表示する。

● Step3　キーを割り当てる

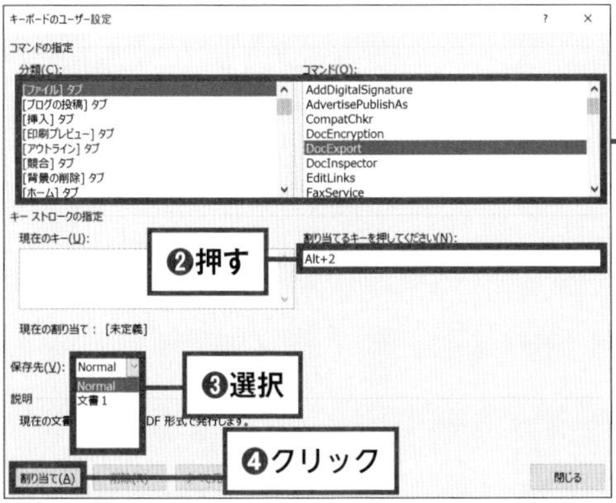

「キーボードのユーザー設定」ダイアログボックスが表示される。

コマンドを指定し（❶）、割り当てるショートカットキー（ここでは[Alt]＋[2]キー）を押したら（❷）、保存先を選択して（❸）、<割り当て>をクリックする（❹）。

MEMO

割り当てるキーを押したときに「現在の割り当て」の横に「未定義」と表示される場合は、まだ割り当てられていないキーなので、使用することができます。Normalに保存するとすべての新規文書に適用されます。

● Step4　コマンドにショートカットキーが割り当てられる

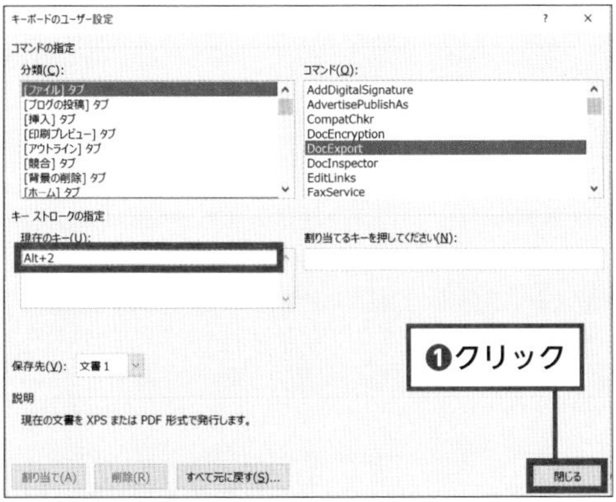

コマンドにショートカットキーが割り当てられる。コマンドはWordへの命令。本書では詳細は割愛。

<閉じる>をクリックする（❶）。

MEMO

割り当てられたショートカットキーを削除したいときは、「キーボードのユーザー設定」ダイアログボックスの「現在のキー」から削除するキーを選択し、「削除」を選択します。

5-40 もっと効率化する Wordショートカットキー

使用頻度の高い操作にショートカットキーを積極的に使うことで、作業の効率アップに繋がります。ここでは、さらに覚えておくと便利なショートカットキーをまとめました。

直前の操作をくり返す

直前に実行した操作は、新たに別の操作を行うまで、F4キーを使って何度でもくり返すことができます。たとえば、直前に設定した書式をほかの文字列にも適用したいときは、設定したい文字列を選択してF4キーを押すだけで適用できます。ただし、Excelと同様、すべての操作に適用されるわけではありません（P.87のMEMO参照）。

● Step1　書式を設定する

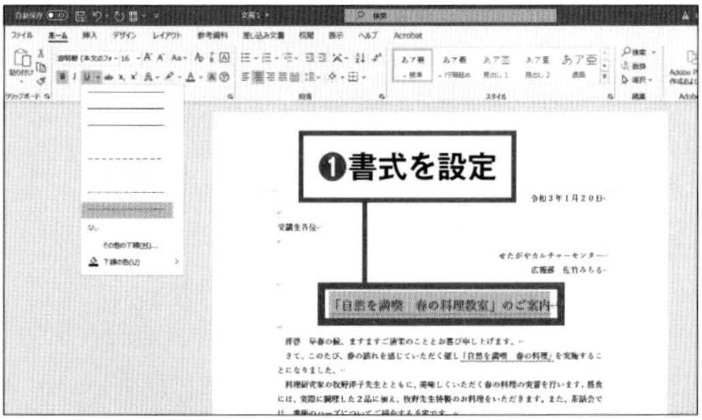
❶書式を設定
令和3年1月20日
受講生各位
せたがやカルチャーセンター
広報部　佐竹みちる
「自然を満喫　春の料理教室」のご案内

文字列に書式を設定する（❶）。

● Step2　直前に設定した書式をほかの文字列に適用する

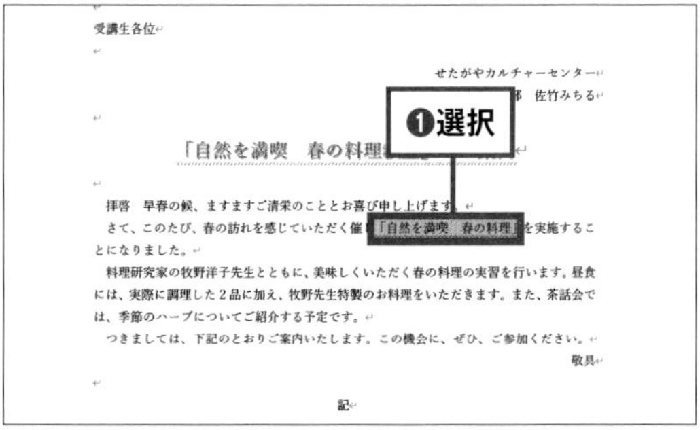
受講生各位
せたがやカルチャーセンター
部　佐竹みちる
❶選択
「自然を満喫　春の料理
拝啓　早春の候、ますますご清栄のこととお喜び申し上げます。
さて、このたび、春の訪れを感じていただく催し「自然を満喫　春の料理」を実施することになりました。
料理研究家の牧野洋子先生とともに、美味しくいただく春の料理の実習を行います。昼食には、実際に調理した2品に加え、牧野先生特製のお料理をいただきます。また、茶話会では、季節のハーブについてご紹介する予定です。
つきましては、下記のとおりご案内いたします。この機会に、ぜひ、ご参加ください。
敬具
記

同じ書式を設定したい文字列を選択する（❶）。

F4

F4キーを押して、選択した文字列にStep1の❶と同じ書式を設定する。

次のページに改行する

文書のバランスを考え、**以降の文章を次の新しいページから始めたいときは、指定した位置から改ページすることができます**。ショートカットキーを使うと一瞬で改ページでき、Enterキーを何度も押し続けて新しいページに移動する必要がなく、便利です。

Step1　改行をしたい位置に移動する

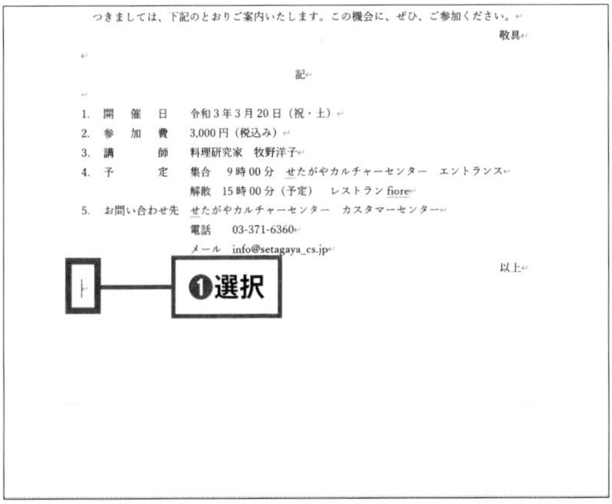

設定したい段落を選択する(❶)。

Ctrl＋Enter

Ctrlキーと Enterキーを押して、次のページに改行する。

Step2　次ページが作成される

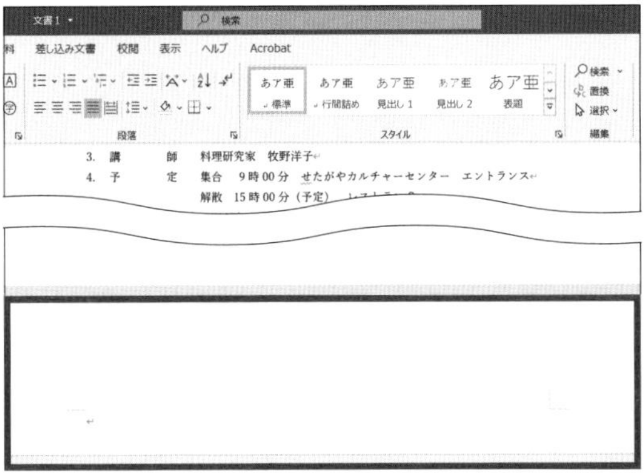

改行され、次ページが作成される。

F12 ／ Ctrl＋S

F12キーを押すと、「名前を付けて保存」ダイアログボックスが表示されます。なお、上書き保存をするときは、Ctrl＋Sキーを押します。

書式のみコピー&ペーストする

Wordでは、ショートカットキーを使って書式のみをコピー、貼り付けることができます。同じ書式をくり返し設定したいときは、効率よく、正確に同じ設定を適用できるので、積極的に活用しましょう。

Step1　書式をコピーする

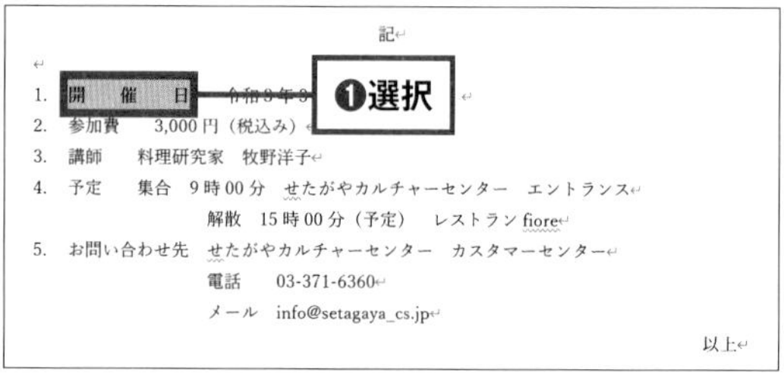

書式をコピーしたい文字列を選択する（❶）。

Ctrl + Shift + C

Ctrlキーと Shiftキーを押しながらCキーを押して、書式をコピーする。

Step2　書式を貼り付ける文字列を選択する

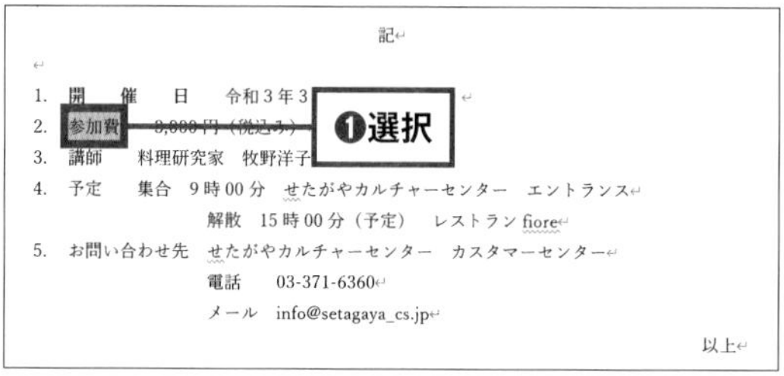

書式を貼り付ける文字列を選択する（❶）。

Step3　書式を貼り付ける

Ctrl + Shift + V

Ctrlキーと Shiftキーを押しながらVキーを押して、書式を貼り付ける。

Ctrl + C ／ Ctrl + Alt + V

Ctrl + Cキーを押してコピーし、Ctrl + Alt + Vキーを押すと「形式を選択して貼り付け」ダイアログボックスが表示されるので、選択した形式で貼り付けることもできます。

行間を広げる

行間を広げたいときは、Ctrlキーを押しながら、広げたい行間を数字キーを押して設定することができます。なお数字キーは、テンキーからは入力できないので、注意しましょう。

● Step1　行間を広げたい段落を選択する

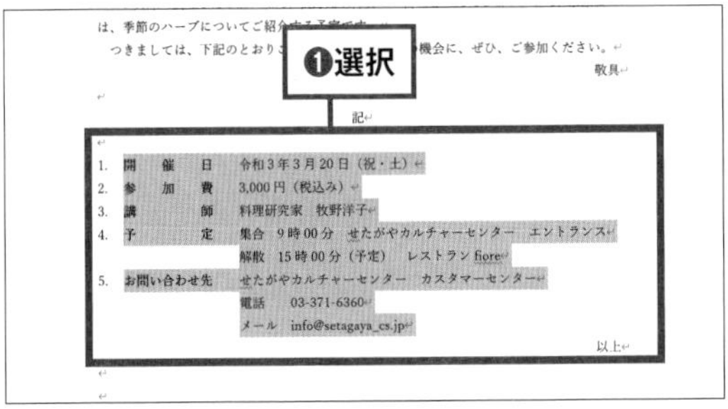

つきましては、下記のとおり
機会に、ぜひ、ご参加ください。
敬具
❶選択
記
1. 開　催　日　令和3年3月20日（祝・土）
2. 参　加　費　3,000円（税込み）
3. 講　　　師　料理研究家　牧野洋子
4. 予　　　定　集合　9時00分　せたがやカルチャーセンター　エントランス
解散　15時00分（予定）　レストラン fiore
5. お問い合わせ先　せたがやカルチャーセンター　カスタマーセンター
電話　03-371-6360
メール　info@setagaya_cs.jp
以上

行間を広げたい段落を選択する（❶）。

Ctrl＋5

Ctrlキーと5キーを押して、行間を1.5行に設定する。

Ctrl＋1／Ctrl＋2

Ctrl＋1キーを押すと1行、Ctrl＋2キーを押すと2行に設定されます。

● Step2　行間が1.5行に広がる

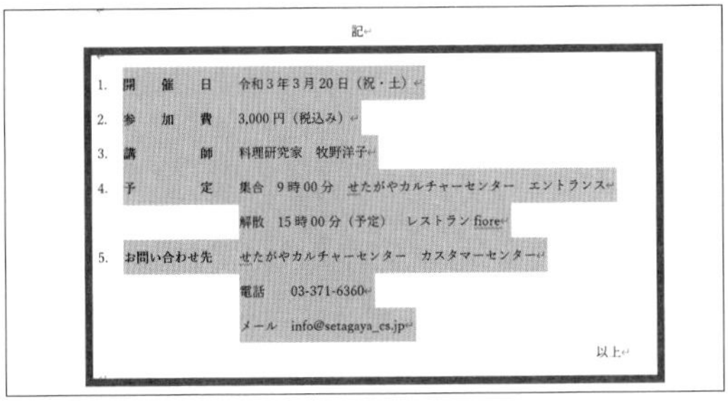

記
1. 開　催　日　令和3年3月20日（祝・土）
2. 参　加　費　3,000円（税込み）
3. 講　　　師　料理研究家　牧野洋子
4. 予　　　定　集合　9時00分　せたがやカルチャーセンター　エントランス
解散　15時00分（予定）　レストラン fiore
5. お問い合わせ先　せたがやカルチャーセンター　カスタマーセンター
電話　03-371-6360
メール　info@setagaya_cs.jp
以上

行間が1.5行に設定される。

Ctrl＋0

Ctrl＋0キーを押すと段落前に12pの間隔を追加することができます。段落と段落の間に間隔を入れて読みやすくしたいときなどに便利です。再度押すと、間隔はもとに戻ります。なお、Ctrlキーと数字の組み合わせで行間を操作するのはCtrl＋1キー、Ctrl＋2キー、Ctrl＋5キー、Ctrl＋0キーの4つです。すべての数字が使えるわけではありません。

COLUMN

文書作成の高速化にはテンプレートが効く

Wordでは、送付状や申請用紙など、定型文書を作成することも少なくありません。そのため、頻繁に使用する定型文書はテンプレートとしてあらかじめ登録しておくことをおすすめします。

● テンプレートとして保存する

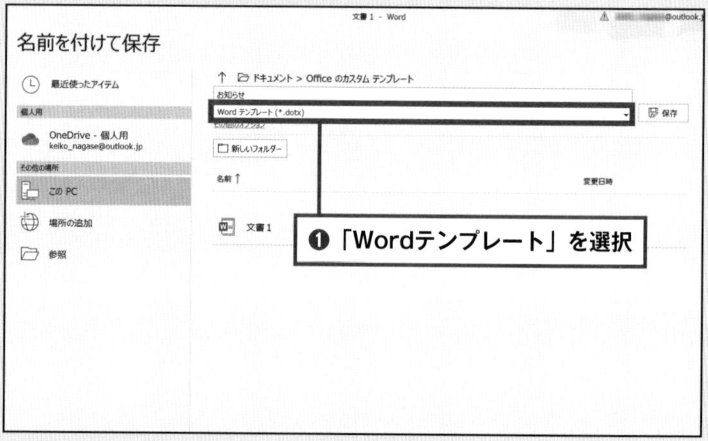

テンプレートにしたい文書を作成し、「名前を付けて保存」でファイルの形式を「Wordテンプレート」にし（❶）、ファイル名を入力して保存します。ファイルは自動的に「Officeのカスタムテンプレート」フォルダに保存されます。

● テンプレートを開く

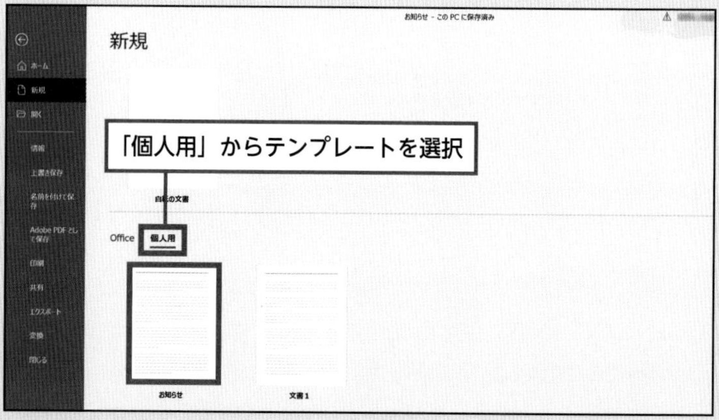

「ファイル」タブの「ホーム」画面にある「その他のテンプレート」を選択し、「個人用」から登録したテンプレートを開くことができます。

第6章

メールもファイル操作も検索ももっと速くなる

パソコンでの操作は社内外へのメール対応をはじめ、ファイルのデータ管理やブラウザ上で調べものが必要になる場合もあります。また、これらは仕事だけでなく、普段使いでも活用する機会の多い操作ですから、ショートカットキーを覚えてさらに速く実行できるようになると、あらゆる手間を省くことができます。
この章では、「メール処理」「ファイル操作」「検索」に関するショートカットキーを紹介しています。メール処理では2つのメールソフトごとに、使えるショートカットキー操作を解説しています。ファイル操作では、かんたんなキーボード操作の組み合わせを覚えるだけで、いつものファイル管理があっという間にできるようになります。またフォルダ内の検索、ブラウザ上での操作や検索もキーボード1つで完結。ぜひ覚えて、仕事でもプライベートでも、ショートカットキー技をさらに使いこなしていきましょう。

6-41 普段使いのツールをさらに速くする

WordやExcelのようなビジネス文書向けのソフトウェアに限らず、フォルダやファイルの管理、メールの送受信、Webサイトの閲覧でもショートカットキーを使うことができます。

知っておくと作業スピードが格段に上がる

ショートカットキーが力を発揮するのは、WordやExcelだけではありません。**OutlookやGmailでメールのやり取りをするときや、Microsoft EdgeでWebサイトを見るとき、フォルダやファイルを操作するときなどにも、ショートカットキーでの操作を知っておくと心強いです。**

● Outlook

Outlookは、Microsoftが提供する個人用メールソフトです。メールの送受信はもちろん、カレンダー機能を使って予定の管理もできます。Outlookは多機能なメールソフトで、やや操作も複雑です。こんなときもショートカットキーを覚えておけば、さくさくっと操作できます。なお、Excelなどと同じくリボンやクイックアクセスツールバーが Alt キーから操作できます。

Gmail

Gmailは、ブラウザから「https://mail.google.com」にアクセスして、Googleアカウントでログインします。「Google Chrome」のトップ画面からアクセスすることも可能です。メールのほかに、カレンダーで予定を管理したり、ビデオ会議に参加したりすることができます。

エクスプローラー

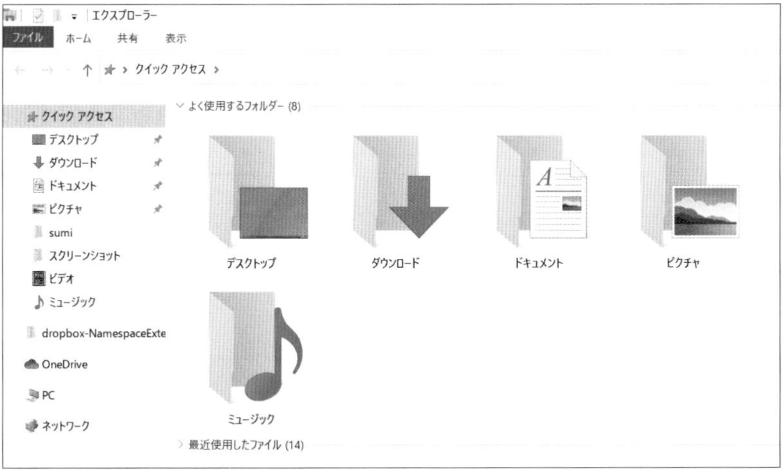

エクスプローラーはWindowsの基本機能（アプリ）で、フォルダやファイルを管理することができます。ファイルの閲覧や移動をはじめ、コピーや削除、プログラムの起動などさまざまな場面で使用頻度の高いアプリケーションの1つです。

6-42 Outlookでメールもタスクもサクサク処理

Outlookでは、メールの送受信と連絡先の管理、カレンダーによるスケジュールの管理ができます。送信メールの作成や予定の入力など、よく使う操作は、ショートカットキーでの操作を身に付けましょう。

Outlookで使える便利なショートカットキー

Outlookでは、**「メール」「予定表」「連絡先」「タスク（To Do)」といった機能があり、それぞれショートカットキーで操作できます。**

メールのやり取りは一般的なビジネスパーソンであれば、1日1時間以上は時間を割いているといいます。適切なメール環境を整えて、なおかつすばやい操作方法を身に付けると、「受信メールの確認」「本文を書いて、送信」という一連の動作にかかる時間が劇的に変わることでしょう。Outlookは、単にメールソフトだと思われがちですが、機能を使いこなすことで、仕事の生産性を一段と上げることができるソフトでもあるのです。

Outlookの切り替え

Outlookで押さえておきたいのがメールや予定表など各機能の切り替えです。Outlookヘビーユーザーなら、ここの切り替えがスムーズだと操作スピードが一気に向上します。

● **基本操作でよく使うショートカットキー**

ショートカットキー	操作
Ctrl+1	「メール」を開く
Ctrl+2	「予定表」を開く
Ctrl+3	「連絡先」を開く
Ctrl+4	「タスク」を開く

なお、メールの一覧画面では、↓／↑キーだけで受信トレイのメールを次々に確認することができます。任意のメールを選択し、Enterキーを押すと、別ウィンドウで表示することも可能です。

● Step1　メール一覧から選択する

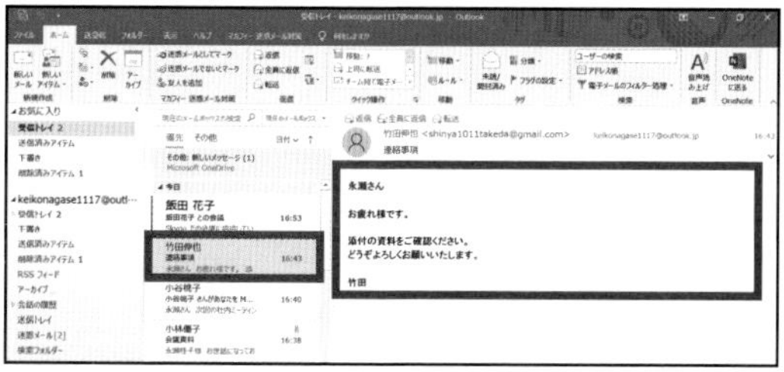
永瀬さん
お疲れ様です。
添付の資料をご確認ください。
どうぞよろしくお願いいたします。
竹田

↓　↑

↓キーを押すと、メール一覧画面のメールを下方向へ選択できる。選択されたメールは、右側にメール内容が表示される。なお、↑キーを押すと上方向へ選択可能。

● Step2　メールを別ウィンドウで開く

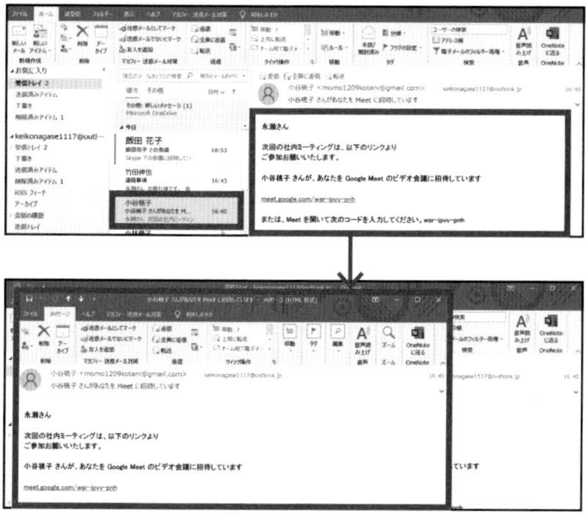
永瀬さん
次回の社内ミーティングは、以下のリンクより
ご参加お願いいたします。
小谷桃子 さんが、あなたを Google Meet のビデオ会議に招待しています

別ウィンドウで開きたいメールを選択する。

Enter

Enterキーを押すと、選択したメールが別ウィンドウで表示される。

予定表のショートカットキー

予定表もショートカットキーを覚えると高速化しがいがあります。

● 予定表の機能で使えるショートカットキー

ショートカットキー	操作
Ctrl＋N	イベントを作成
Ctrl＋D	イベントを削除
Ctrl＋G	指定した日付に移動
Esc	イベント作成をキャンセル
Ctrl＋Alt＋1	「日」ビュー表示
Ctrl＋Alt＋2	「週」ビュー表示（稼働日）
Ctrl＋Alt＋3	「週」ビュー表示
Ctrl＋Alt＋4	「月」ビュー表示
Ctrl＋Shift＋A	予定を作成

メール処理を効率化するテクニック

メールの作成、返信、転送もショートカットキーなら一発です。とくに、返信はメールでいちばん使う機能。Ctrl＋Rキーの返信だけは必ず覚えてください。

Step1　メールの新規作成画面を開く（「メール」ビューの場合）

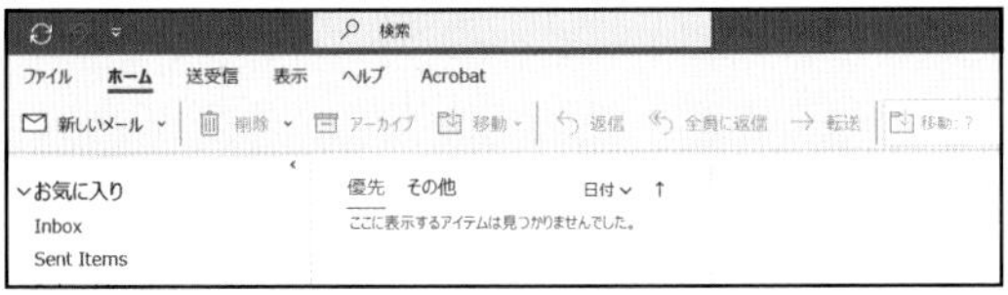

Ctrl＋N

Ctrlキーを押しながらNキーを押して、メールの新規作成画面を開く。

Ctrl＋Shift＋M

Ctrl＋Nキーは、「メール」ビューからしかメールの新規作成画面を表示できません。任意のOutlookビューからメールの新規作成画面を開くときは、Ctrl＋Shift＋Mキーを使いましょう。

Step2　メールを送信する

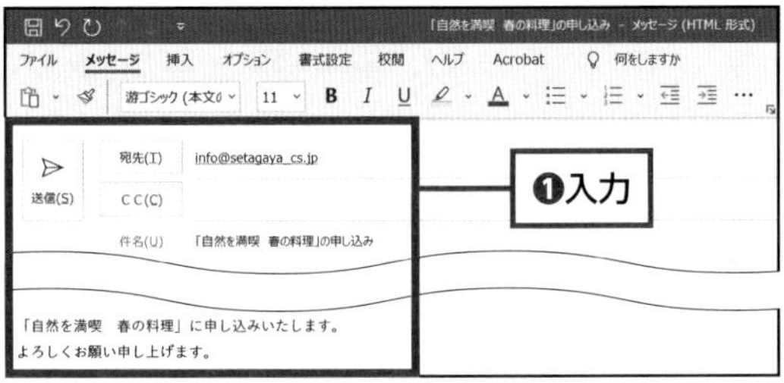

新規作成画面が開いたら、「宛先」「件名」「メール内容」を入力する（❶）。

Ctrl＋Enter

Ctrlキーを押しながらEnterキーを押して、メールを送信する。

MEMO

メールの送信画面では、Alt＋Tキーで「宛先」、Alt＋Uキーで「件名」、Alt＋Uキー→Tabキーの順に押すと「本文」をそれぞれ編集できます。

MEMO

Ctrl＋Eキーを押すと、検索ボックスが表示されるので、任意のキーワードを入力し、メールを探すことができます。

メールの返信

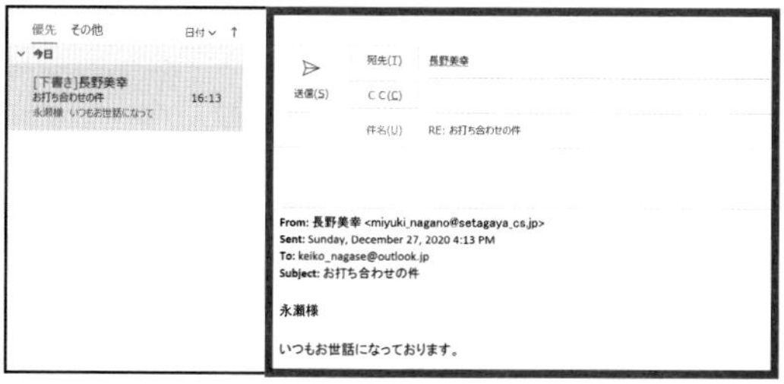

返信したいメールを選択する。

Ctrl + R

Ctrlキーを押しながらRキーを押すと、メールの返信画面が表示される。

メールの転送

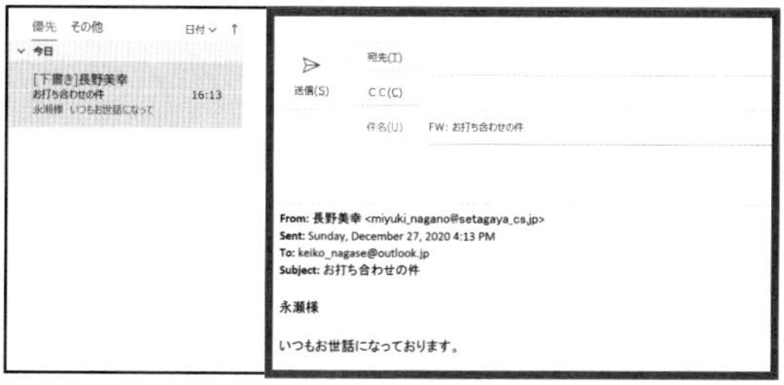

転送したいメールを選択する。

Ctrl + F

Ctrlキーを押しながらFキーを押すと、メールの転送画面が表示される。

Ctrl + Shift + R

メールに表示されている全員のメールアドレス（CCを含む）宛先に返信する場合は、Ctrl + Shift + Rキーを押すと、すべてのメールアドレスに同じ内容のメールが返信されます。

MEMO

「署名」は、あらかじめメールソフトに設定された送信者の情報を、自動的にメール内に追加する機能です。

❶「ファイル」タブから「オプション」を選択
❷「メール」の「署名」を選択
❸「署名とひな形」ダイアログボックスの「新規作成」を選択し、署名の名前を設定する
❹「署名の編集」で署名にする内容を入力し、「OK」を選択

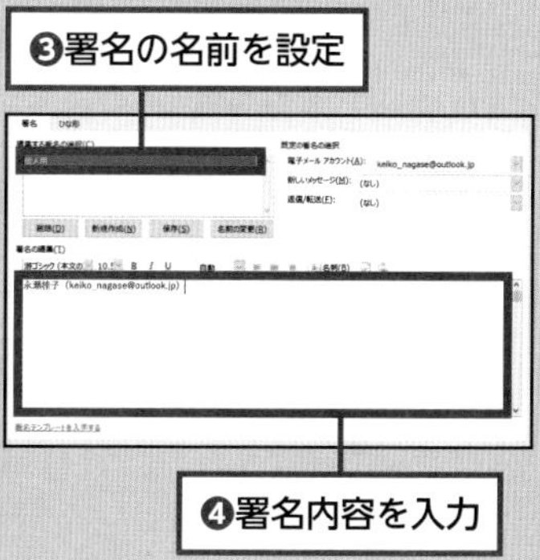

6-43 Gmailの最強ショートカット

ブラウザからGmailにアクセスし、Googleアカウントでログインすることで、メールの送受信ができるようになります。ブラウザ上のGmailであっても、ショートカットキーを使って基本的な操作を行えます。

Gmailで使える便利なショートカットキー

Gmailは、ブラウザから利用できるメールサービスです。Gmailは、初期設定では「キーボードショートカット」の設定がオフになっています。ブラウザ上でショートカットキーを使うためには、まず「キーボードショートカット」の設定を有効にする必要があります。Gmail画面上でショートカットキーを使えるようにするには、Gmailの「設定」画面の「全般」内にある「キーボードショートカットON」を選択し、「変更を保存する」を選択することで設定できます。設定後、すぐにショートカットキーでの操作を実行できるようになります。これまでよりも、快適にGmailを利用することができるのは間違いありません。

Gmailでは、「メール一覧」画面と、「メール作成」画面のショートカットキー操作が異なる場合があるのは覚えておきたいポイントです。たとえば、「メール一覧」画面では、/やg→iキーのショートカットが使えますが、「メール作成」画面では使えません。こういったショートカットキーの利用できる場所と一覧が?キーで確認できます。

● ショートカットキー一覧を表示する

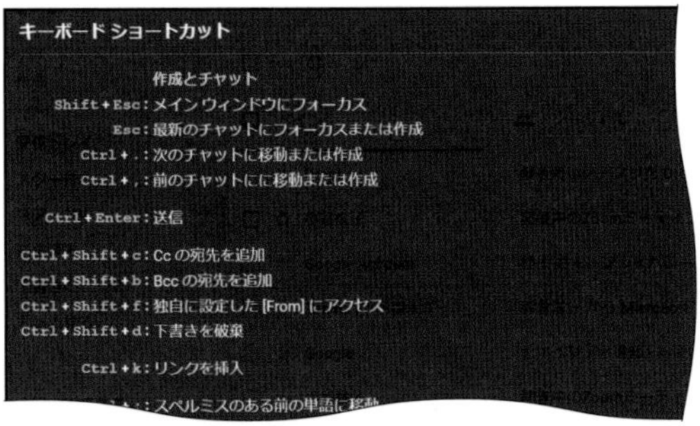

?

?キーを押すと、ショートカットキー一覧が表示される。画面右上の「新しいウィンドウで開く」を選択するとブラウザが起動し、キーボードショートカットのヘルプページを確認できる。

メールの新規作成画面を開く

Gmailにログインすると「メール一覧」画面が表示されます。ここからメールの確認を行います。それとは別に「メール作成」画面もあります。ショートカットキーでメール作成が始められます。

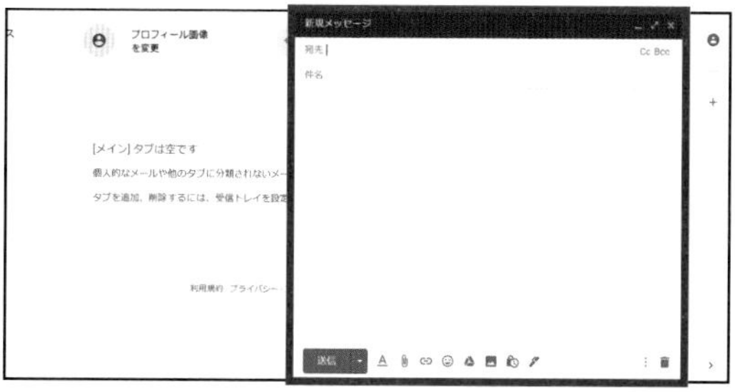

C

Cキーを押して、メールの新規作成画面を開く。

メールの返信

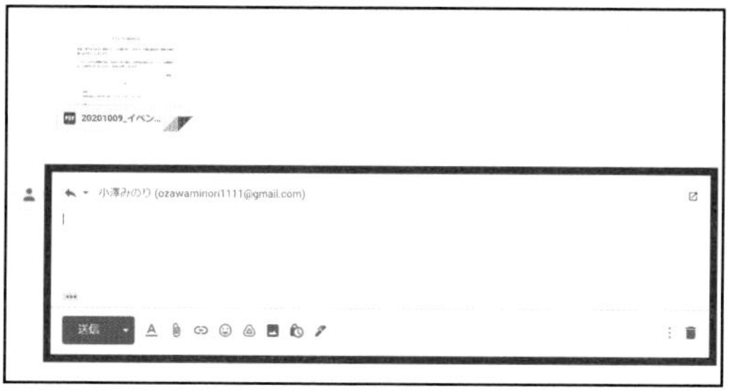

R

返信したいメールを開き、Rキーを押すと、メールの返信画面が表示される。

メールを全員に返信

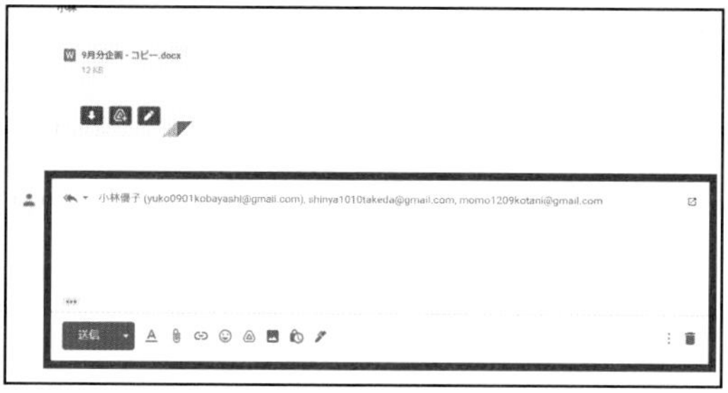

A

返信したいメールを開き、Aキーを押すと、メールに含まれている全員への返信画面が表示される。

/

/キーを押すと、検索ボックスにカーソルが表示され、そのまま入力できる状態になります。目的のメールをすぐ探したいときに、便利です。

6-44 ファイル操作をすぐにスタート

Windowsのフォルダやファイルの管理は、「エクスプローラー」を使って行います。エクスプローラーはWindowsの基本機能（アプリ）であり、フォルダやファイルの閲覧、または移動などの操作ができます。

エクスプローラーから最近使用したファイルにアクセスする

エクスプローラーには、最近使用したファイルにアクセスすることができる「クイックアクセス」という機能があります。**クイックアクセスにより、最近使用したファイルはエクスプローラーの「ナビゲーションウィンドウ」の上部に表示されます**。よく使うにもかかわらず、保存先がフォルダの下層にあるようなファイルで作業したいときなどに非常に便利な機能です。なお、この機能はWindows 10ではデフォルトで設定されています。

● クイックアクセスを使う

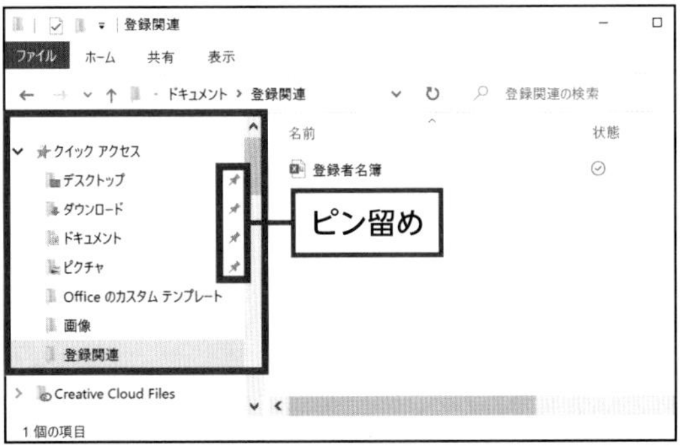

クイックアクセスに最近使ったファイルやフォルダが表示される。

MEMO

「クイックアクセス」に表示されたファイルやフォルダを右クリックすると、クイックアクセスから削除したり、常にクイックアクセスに表示されるようピン留めを設定したりすることができます。

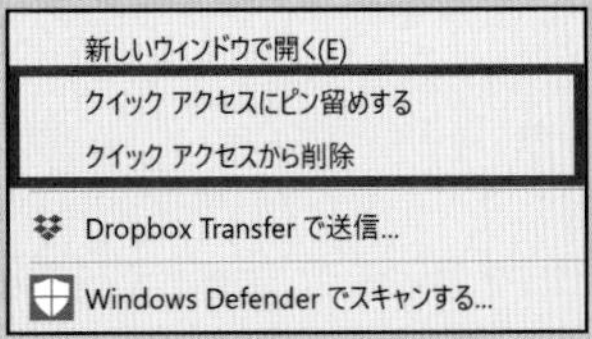

エクスプローラーを起動・表示するには、Sec.5で紹介した「タスクバーにピン留めして数字で起動する」方法のほか、⊞+Eキーで行う方法もあります。⊞+Eキーを押すと、エクスプローラーが起動します。すでに起動している場合は、新しくウィンドウを開いて表示します。⊞+Eキーを覚えておくと、ドラッグ&ドロップでファイルをコピーしたいときなどに便利です。

「エクスプローラー」を起動する

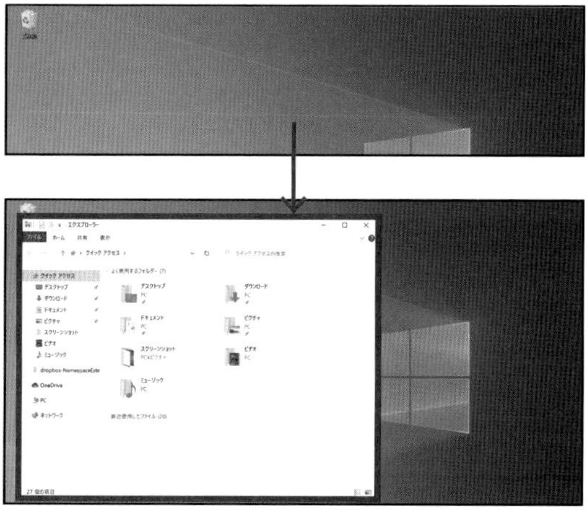

⊞+E

⊞キーを押しながらEキーを押すと、「エクスプローラー」が起動する。

MEMO

F2キーでは、ファイルやフォルダの名前を変更することができますが、複数のファイルやフォルダ名を変更する場合、一つ一つファイル（またはフォルダ）をF2キーで選択して、入力して、Enterキーで確定をしていては効率が悪いです。このような場合、Tabキーで確定すると、自動的に次のファイルが選択されるので、手間を省くことができます。また、名前を連番にする場合は、連番で入力したいファイル（またはフォルダ）をすべて選択し、F2キーを押します。その内の1つの名前を変更すると、選択したファイル（またはフォルダ）の名前も変更され、名前の最後に連番が入力された状態になります。ファイルやフォルダの整理をあっという間に行える時短テクニックです。

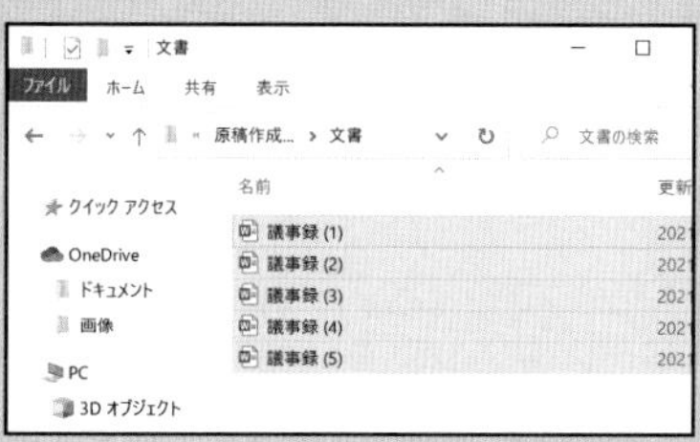

6-45 ファイルの移動&選択&操作も手早く実行

移動やコピーはもちろん、フォルダやファイルの選択、名前の変更、ショートカットの作成など、エクスプローラーでよく使える便利なキーボード操作にも、ショートカットキーが活躍します。

フォルダを移動する

フォルダの移動は、Altキーと矢印キーを組み合わせて使うことで操作できます。「戻る」や「進む」に関しては、←キーと→キーをセットで覚えておくとよいでしょう。なお、Alt+↑キーで、現在の位置から上位フォルダ内へと移動することができます。

上位フォルダに移動する

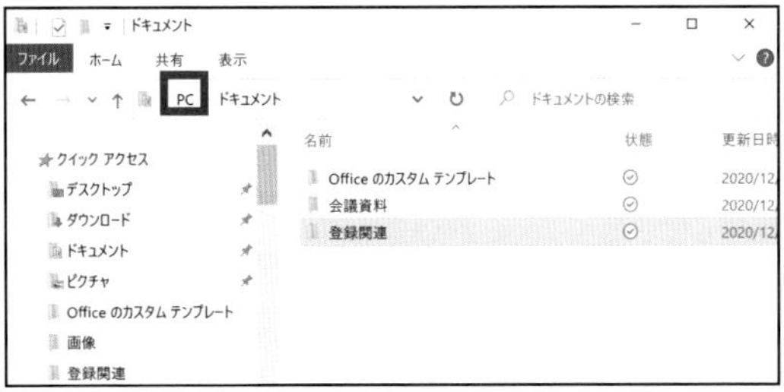

Alt+↑

Altキーを押しながら↑キーを押すと、1つ上の階層（ここでは「PC」フォルダ）に移動する。

Alt+← ／ Alt+→

直前に表示していたフォルダに戻るときは、Alt+←キーを押すことで移動できます。なお、Alt+→キーを押すと、戻る前に表示していたフォルダに進むことができます。

MEMO

Ctrl+Cキーでコピー、Ctrl+Xキーで切り取り、Ctrl+Vキーで貼り付けという基本の機能はエクスプローラーでも使えます。Ctrl+Aキーを押せば、フォルダやファイルなどを全選択できます。

ファイル名を変更する

ファイル名を変更するときも、ショートカットキーを覚えておくと便利です。文書などを作成したあと、**キーボードから手を離さず、流れるように操作することができます**。

Step1 名前を変更するファイルを選択する

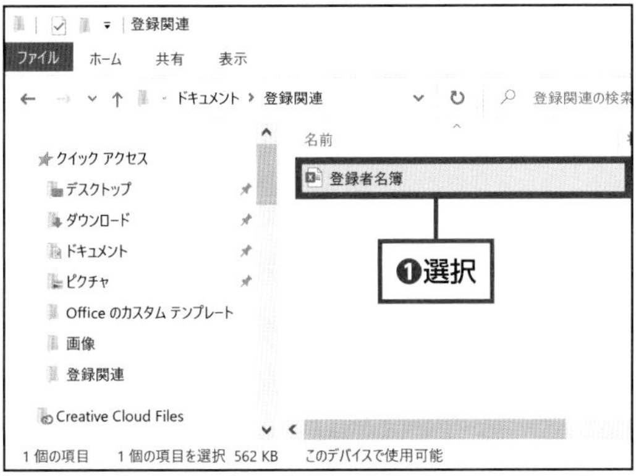

名前を変更したいファイルを選択する（❶）。

[F2]

[F2]キーを押して、「名前の変更」を実行する。

Step2 ファイル名を変更する

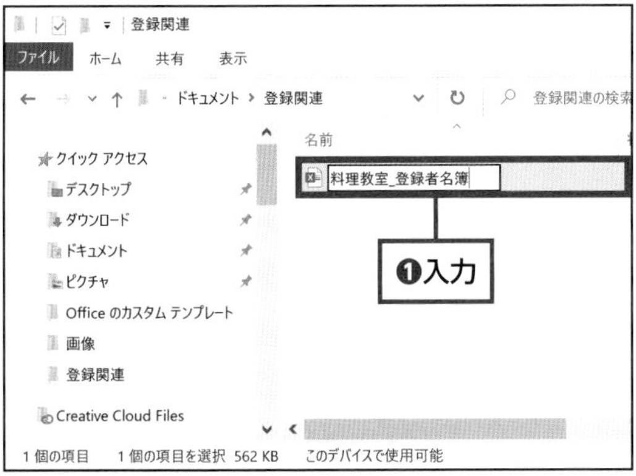

[Enter]

新しいファイル名を入力して（❶）、[Enter]キーを押すとファイル名が変更される。

MEMO

エクスプローラー内の移動には矢印キーが使えます。矢印キーを動かしてフォルダやファイルを選択し、[Enter]キーを押すと選択したものを開きます。

[Ctrl]+[Space]キーを押すと複数のファイルが選択できます。また[Shift]+矢印キーで複数のファイルを順に選択できます。

6-46 一覧／詳細を切り替えてかんたんにチェック

フォルダやファイルの表示方法を変更するだけでも、かんたんに作業効率を上げることができます。見やすいように表示を変更するときも、ショートカットキー操作を覚えて楽にこなしましょう。

フォルダの表示を切り替える

フォルダ内の表示レイアウトは８種類あり、**レイアウトを変更したいときは、Ctrlキーを押しながらShift＋レイアウトに対応した数字キーを押します**。あっという間に、目的の表示状態にできます。

表示を「特大アイコン」に変更する

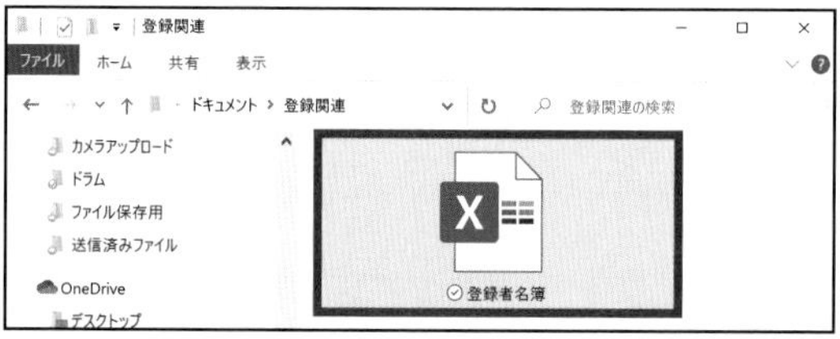

Ctrl ＋ Shift ＋ 1

Ctrlキーと Shiftキーを押しながら1キーを押すと、「特大アイコン」表示に変更される。

表示を「詳細」に変更する

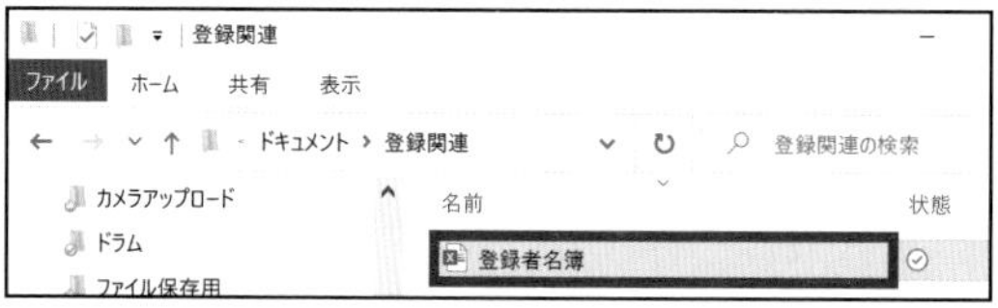

Ctrl ＋ Shift ＋ 6

Ctrlキーと Shiftキーを押しながら6キーを押すと、「詳細」表示に変更される。

MEMO

エクスプローラーでは、WordやExcelの上部に表示されるリボン（メニューバー）を使うこともできます。リボンが非表示になっているときは画面右上の⌄をクリックすると表示されます。マウスでの操作のほか、Altキーを押すと、項目に対応したショートカットキーが表示されるのでキーボードから操作することも可能です。リボン（メニューバー）をもとに戻したいときは、画面右上の⌃をクリックします。

フォルダを並び替える

フォルダ内の**ファイルやフォルダを並べ替えたいときは、「表示」タブ内の「並べ替え」を実行して整えます。**

● Step1 「表示」タブを開く

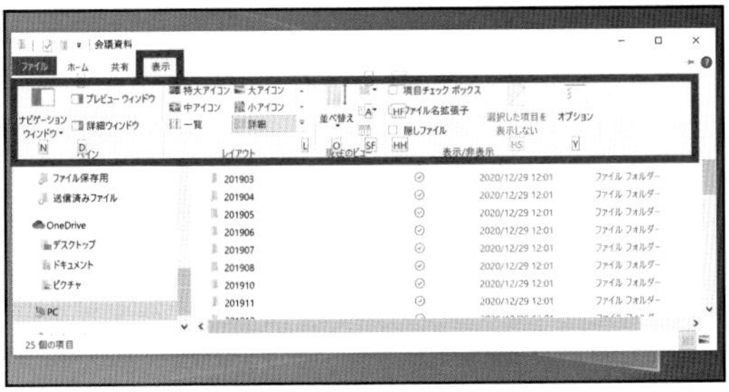

Alt

Altキーを押して、割り当てられたキーを表示する。

V

Vキーを押して、「表示」タブを開く。

● Step2 「並べ替え」を選択する

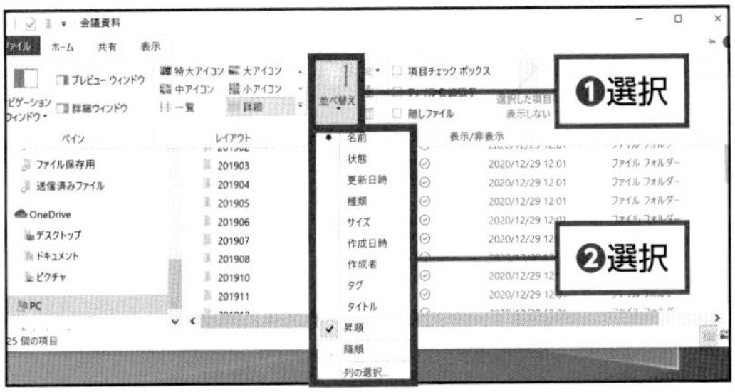

O

Oキーを押して、「並べ替え」を選択する（❶）。

↓

↓キーを押して、任意の条件を選択する（❷）。

● Step3 指定した条件で並べ替える

Enter

Enterキーを押すと、選択した条件で並べ替えができる。

MEMO

「並べ替え」では、指定した項目を「昇順」、または「降順」で並べ替えることができます。また、あらかじめ並び順を「更新日時」や「作成者」「タイトル」などで整理することも可能です。

6-47 ファイルやフォルダもサクッと作成できる

ファイル内の整理は、新しいフォルダの作成やフォルダの保存先を変更するなど、分類したりまとめたりする必要があります。ここでは、そのようなファイル整理におすすめのショートカットキーを紹介します。

フォルダを作成する

ファイルは、同じ条件でまとめて保存しておくと、作業時にどのファイルを開けばよいか、わかりやすくなります。ファイルを整理するために新しいフォルダを作る場合、**フォルダの作成から名前の指定まで、すべてキーボードだけで操作し、実行することができるので、ぜひ覚えておきましょう**。

Step1　フォルダを新規作成するフォルダを開く

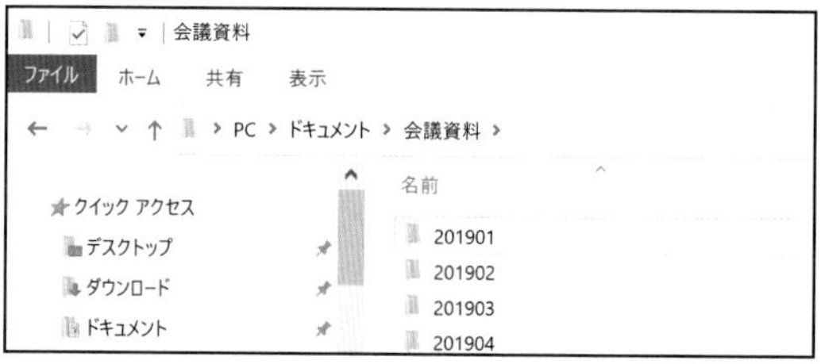

フォルダを新規作成するフォルダを表示する。

Ctrl ＋ Shift ＋ N

Ctrl キーと Shift キーを押しながら N キーを押す。

Step2　フォルダが作成される

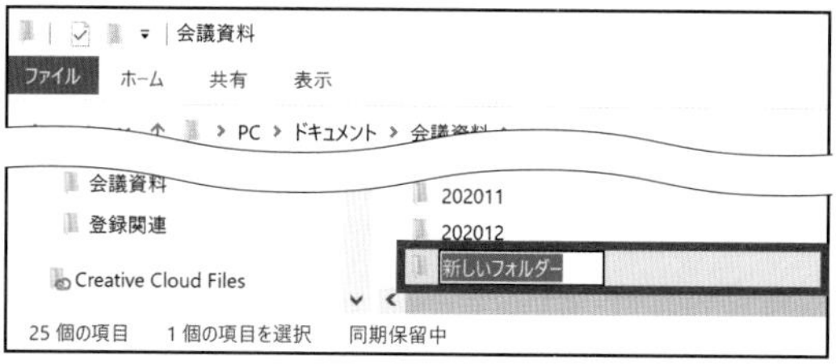

Enter

名前を入力し、Enter キーを押してフォルダを作成する。

MEMO

クイックアクセスなど、一部の画面ではフォルダは作成できません。

ファイルを作成する

右クリックをしたときに表示されるメニューを**「コンテキストメニュー」といいます。コンテキストメニューを活用すれば、ファイルの種類を指定して、ファイルを新規作成できます**。コンテキストメニューは、右クリックしなくても、ショートカットキーで表示させることができます。コンテキストメニューはあらゆる場面で使えるので、覚えておくと便利です。

Step1　コンテキストメニューを表示する

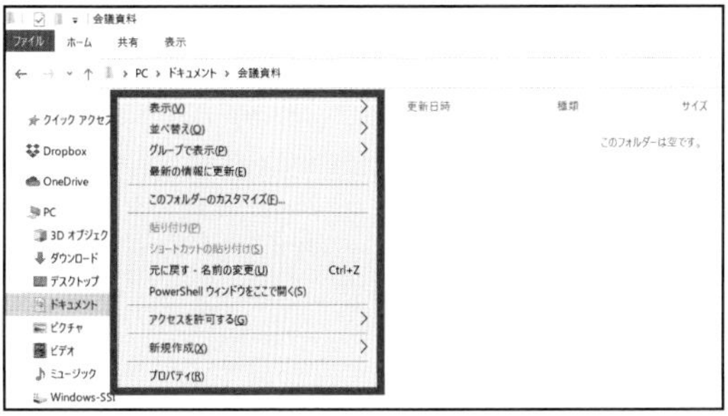

Shift + F10

Shiftキーを押しながらF10キーを押して、コンテキストメニューを表示する。

Step2　作成するファイルの種類を選択する

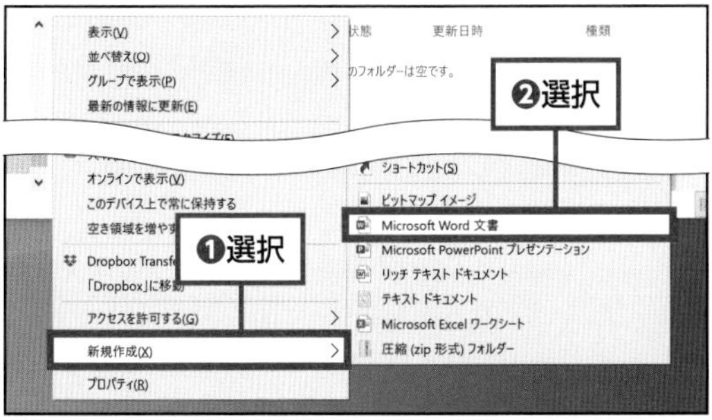

X

↓

Xキーを押して「新規作成」を選択して（❶）サブメニューを表示したら、↓キーで作成するファイルの種類（ここでは「Microsoft Word 文書」）を選択する（❷）。

Step3　ファイルが作成される

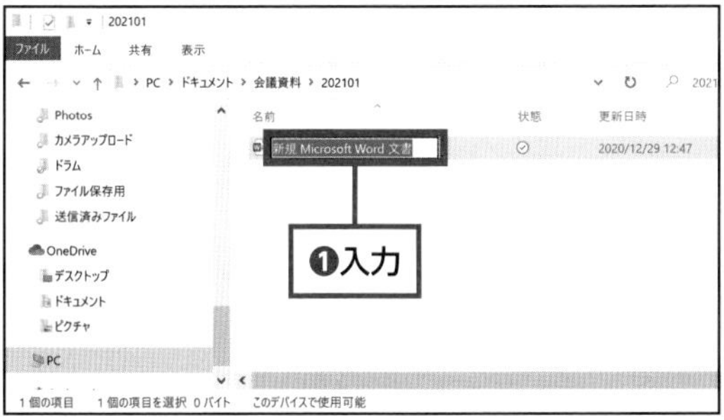

Enter

Enterキーを押してファイルを作成したら、ファイル名を入力して（❶）Enterキーを押す。

フォルダやファイルを削除する

フォルダやファイルを削除する際、**「いったんごみ箱に入れる（あとから削除する）」、もしくは「削除するときにごみ箱には入れず、直接削除する」というどちらかの方法を選択できます**。どちらの方法でも、ショートカットキーで削除できるため、状況に応じて使い分けるとよいでしょう。

● ファイルをごみ箱に入れる

削除したいファイルを選択する。

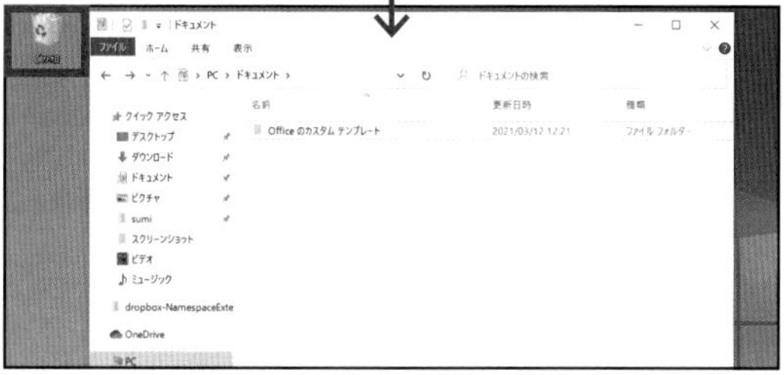

[Delete]

[Delete]キーを押して、ファイルを削除する。ファイルはゴミ箱に移動する。

[Shift] + [Delete]

ファイルやフォルダを直接削除する場合は、[Shift] + [Delete]キーを押すと実行できます。なお、ゴミ箱に入れず、直接削除されたファイルは、通常の操作では取り戻すことができません。ファイルを削除するときは、気を付けて操作しましょう。

MEMO

エクスプローラーでファイル表示画面とクイックアクセスなどが表示されているサイドバーを行き来するには[Tab]キーを用います。[Shift] + [Tab]キーで逆順で移動できます。

直前の状態に戻す

「削除」や「移動」のような操作を取り消し、**もとの状態に戻したいときは、Ctrlキーを押しながらZキーを押します**。1回押すと1つ前の操作、2回押すと2つ前の操作に戻ります。とても便利な機能ですが、戻した状況が把握できなくなったり、戻しすぎて二度手間になったりすることもあるので、注意しましょう。また、Ctrl+Zキーでは直接削除したファイルは戻せません。注意しましょう。

Step1　ファイルの削除の操作を取り消す

ファイルを削除する（ゴミ箱に入れる）。

Ctrl+Z

Ctrlキーを押しながらZキーを押して、ファイルの削除を取り消す。

Step2　削除したファイルがもとに戻る

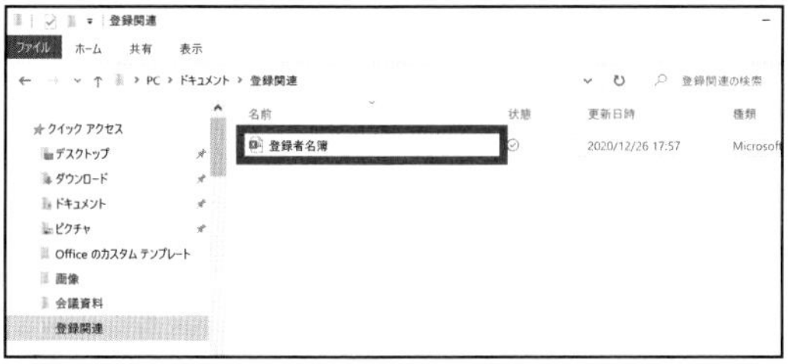

削除したファイルがもとに戻る。

Ctrl + Y

Ctrl+Yキーを押すと、もとに戻した操作を再度やり直すことができます。Step2でもとに戻したExcelファイルを再度削除することができます。

MEMO

Ctrl+ZキーとCtrl+Yキーは、ショートカットキー操作において使用頻度の高い操作です。「もとに戻す」と「やり直す」操作は、どのアプリでも同じセットのため、この2つも合わせて覚えておくとよいでしょう。

6-48 ファイル検索で必要なデータにすばやくアクセス

ファイルの保存場所にすばやくアクセスできると、効率的に必要なファイルを開くことができます。Windowsでは、「エクスプローラー」や「検索ボックス」を活用することで、すばやいアクセスを可能にします。

エクスプローラーから検索する

エクスプローラーの検索では、エクスプローラーで開いているフォルダ内のものを検索可能です。ファイル名やファイル内に含まれる語句など、入力したキーワードに関連するものが一覧で表示され、その中から選択して開くことができます。

● Step1　目的のファイルを検索する（エクスプローラーを開いておく）

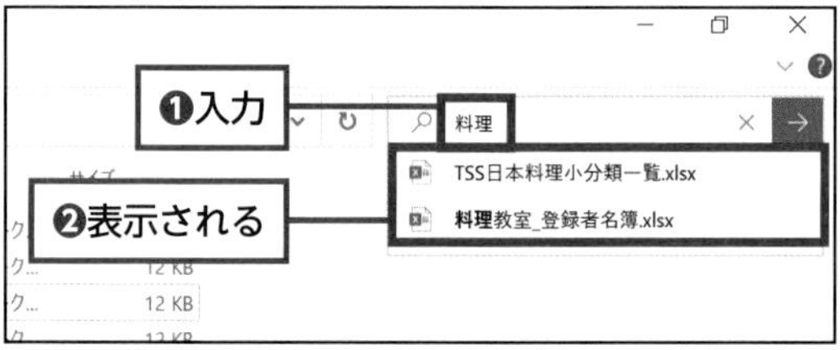

Ctrl + F

Ctrl+Fキーを押して、検索ボックスに検索キーワードを入力すると（❶）、キーワードに一致するファイルの一覧が表示される（❷）。

● Step2　選択したファイルが表示される

↓　Enter

↓キーを押して任意のファイル、またはフォルダを選択し、Enterキーを押すと選択されたファイルが表示される。

MEMO

Step1で最後にEnterキーを押し、エクスプローラー内で検索を実行できます。リボン（メニューバー）に「検索」タブが追加され、より細かい検索ができます。

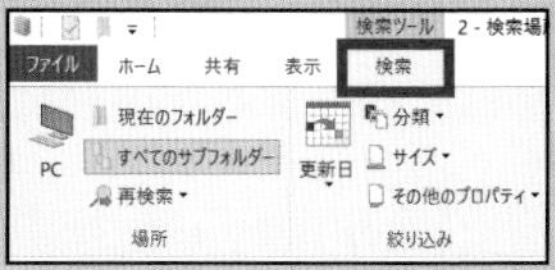

Windows上のアプリやファイルを検索する

Windows 10でファイルを検索する場合は、タスクバーの「検索ボックス」を使用する方法もおすすめです。**検索ボックスに入力したキーワードに関連する、Windows上のファイルやアプリ、Webサイトの情報などを検索し、表示してくれます。**

Step1　目的のファイルを検索する

⊞+S

⊞キーを押しながらSキーを押すと、検索ボックスにフォーカスが移動する。検索キーワードを入力すると（❶）、キーワードに一致するファイルやアプリなどの一覧が表示される（❷）。

Step2　選択したファイルが表示される

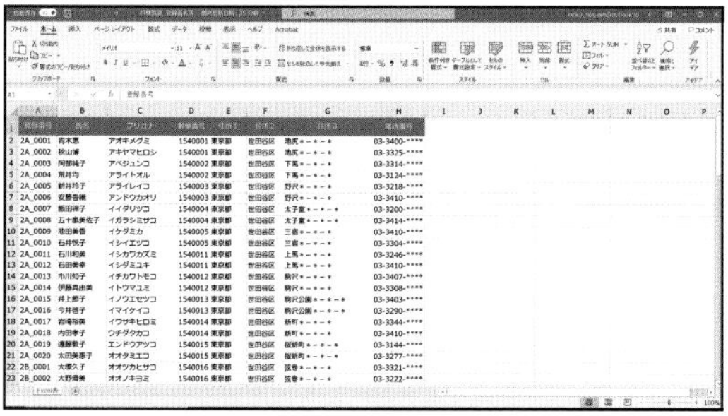

↓

Enter

↓キーを押して任意のファイル、またはフォルダを選択し、Enterキーを押すと選択されたファイルが表示される。

MEMO

タスクバーの検索ボックスから検索する際、「app:（任意の検索キーワード）」と入力するとアプリケーションだけ、「file:（任意の検索キーワード）」と入力するとファイルだけが検索結果として表示されます。

6-49 検索を超高速化して情報収集を効率よく行う

毎日使っているWebブラウザ。そのショートカットキーも効率化には欠かせません。まずは検索までのプロセスをスムーズに行い、効率よく情報収集をしましょう。

アドレスバーにすばやく移動する

Webサイトを検索するとき、アドレスバーに直接入力すればあっという間に目的のWebサイトを検索、表示することができます。ただし、アドレスバーにURLが表示されていると入力に手間取ります。

そこで、**ショートカットキーを使うと、アドレスバーに移動した時点で既存のURLに上書きできる状態になるので入力がスムーズにできます。**

● Step1　アドレスバーに移動する

Ctrl ＋ L

Ctrlキーと Lキーを押して、アドレスバーに移動する（❶）。

● Step2　検索結果一覧から選択する

↓

Enter

検索キーワードを入力すると（❶）、検索候補の一覧が表示される（❷）。
任意の検索候補を↓キーを押して選択し、Enterキーを押して検索結果を表示する。

新しくタブを追加する／開いているタブを閉じる

複数のWebサイトを表示するときは、複数のタブを開いて操作します。**タブを開いたり、閉じたりする操作も、ショートカットキーでできます。**

● 新しいタブを開く

Ctrl + T

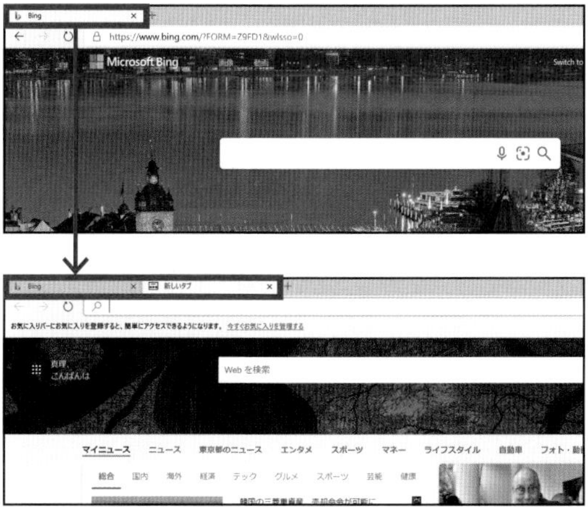

Ctrlキーを押しながらTキーを押すと新しいタブが開く。

● 現在のタブを閉じる

Ctrl + W

Ctrlキーを押しながらWキーを押すと、現在表示されているタブが閉じる。

Ctrl + Shift + T

Ctrl + Shift + Tキーを押すと、最後に閉じたタブを再度開くことができます。

6-50 ブラウザ操作はキーボードだけのほうが速い

使用頻度の高い操作には、ショートカットキーを積極的に使うことで、作業効率を格段に上げることができます。ここでは、さらに覚えておくと便利なショートカットキーをまとめて紹介します。

ページを上下にスクロールする

Webページは、ショートカットキーを使ってかんたんにスクロールすることができます。慣れるとマウスホイールよりぐっと快適です。

● ページを上下にスクロール

Spaceキーを押すと、Webページが下方向へ1画面ずつスクロールされる。

● Webページのスクロールで使われるショートカットキー

ショートカットキー	操作
Space	1画面ずつ下方向へスクロール
Page Down	1画面ずつ下方向へスクロール
Shift＋Space	1画面ずつ上方向へスクロール
Page Up	1画面ずつ上方向へスクロール

ページ内を検索する／ページ内のリンクにアクセスする

Webページから情報を収集するには、Webページ内を検索したり、さらにリンクにアクセスしたりするようなことがよくあります。**Webページ内の検索も、Webページ内にあるリンクへのアクセスも、ショートカットキーを使えば一発で実行することができます**。

● ページ内の検索

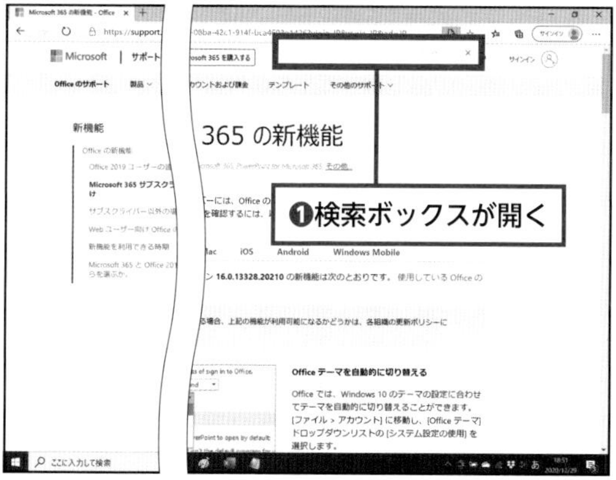

Ctrl ＋ F

Ctrlキーと Fキーを押すと、検索ボックスが開くので（❶）、検索したいワードを入力する。

Enter

Enterキーを押すと、押した回数分、検索結果先にジャンプする。

● ページ内のリンクにアクセス

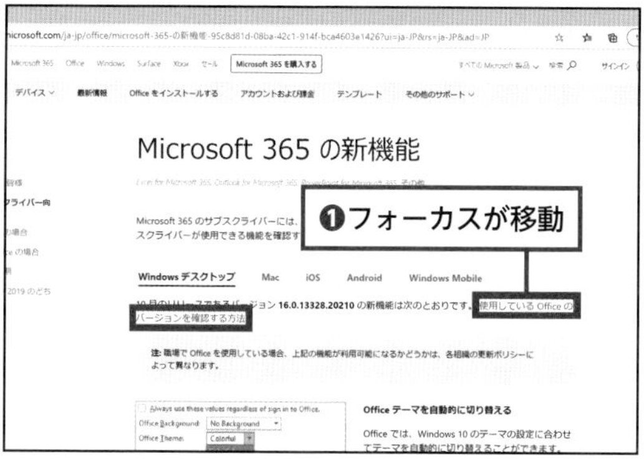

Tab

Enter

Tabキーを押すと、リンクにフォーカスが移動する（❶）。目的のリンクにフォーカスが移動したらEnterキーを押すと、アクセスできる。

MEMO

Tabキーでのリンク移動は、Webブラウザやサイトによっては難しく、反対に扱いづらい場合もあります。慣れない操作に時間を費やす必要もないため、無理に覚える必要はありません。

COLUMN
ファイル検索のもう1つの選択肢

「とにかくファイル検索に時間を取られたくない」「ファイルは超高速に検索したい」という場合は、パソコン内の既存のアプリにとらわれることなく、フリーソフトなどを活用するのも1つの手です。

フリーソフトの「Everything」（https://forest.watch.impress.co.jp/library/software/everything/）は、キーワードから目的のファイルやフォルダを高速で検索できるのが特徴です。検索対象はファイル名やフォルダ名だけですが、とにかく「速さ」にこだわる場合は、最強の検索ツールだといわれています。

Windowsに標準に備え付けの検索は便利ですが、結果が表示されるまでに時間がかかりがちで、あるはずのファイルが見つからないということも頻発します。その点、Everythingは高速でファイルの検索漏れがほとんどありません。

検索に関する機能も強力で、正規表現という特別な絞り込み検索が可能です。

ファイルの高速な検索が必要な場合は導入を検討する価値があります。

●「Everything」のウィンドウ

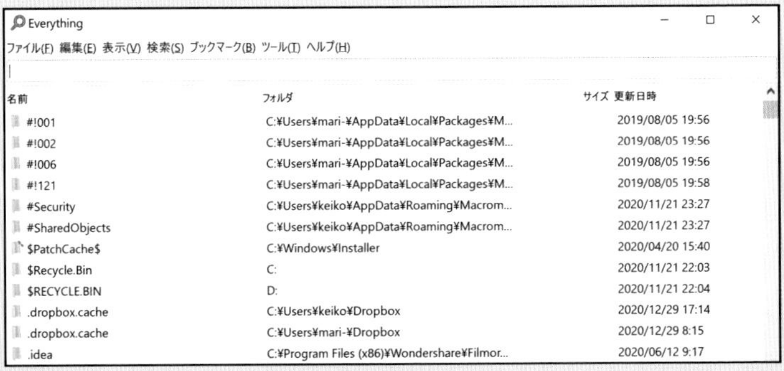

●「Everything」で高速ファイル検索

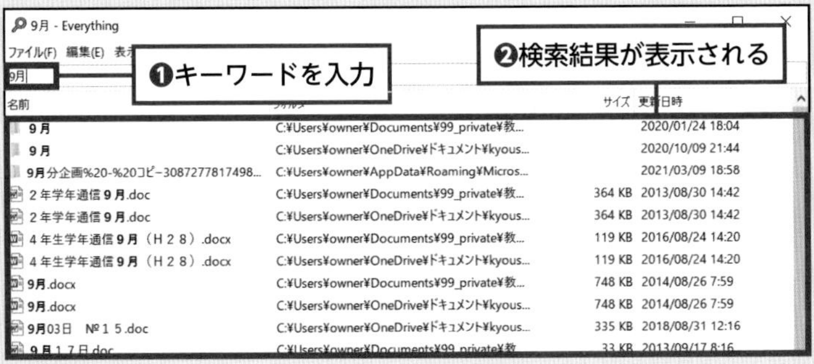

第7章

知ってるだけで速くなるWindowsの裏技

便利なショートカットキー操作の知識を身に付けたら、あとは実践あるのみです。自分にとって使用頻度の高いものから、実際のパソコンを使って業務に取り組んでみましょう。覚えるために重要なことは「くり返す」ことです。最初は思い出しながらでもよいので、慣れるまで続けてみましょう。しかし、せっかくキーボード操作が速くなっても、肝心のパソコン動作が遅くては話になりません。パソコン自体の設定について、事前に確認しておくことも大切です。
この章では、Windowsの設定を確認したり、変更したりすることでパソコンにかかる負荷を軽減させ、パフォーマンスをぐっと上げる術を紹介します。意外と知らない設定であっても、操作そのものはとてもかんたんです。普段からパソコンがスムーズに動作するように心がけておくと、業務もよりスピードアップしてこなせるようになるでしょう。

7-51 Windowsの起動がサクサクになる

パソコンの電源を入れたとき、起動まで時間がかかってイライラしたという経験はないでしょうか。時間がかかってしまう原因は、起動時にアプリを自動的に開く「スタートアップ」機能のせいかもしれません。

スタートアップを無効にしてストレスを軽減する

Windowsの「スタートアップ」機能は、Windowsを起動したときに、必要なアプリが自動的に開くようにする機能です。たとえば、セキュリティソフトのように、起動と同時に実行されている必要のあるものが登録されています。しかしながら、アプリをスタートアップに設定すればするほど、起動が完了するまでに時間がかかってしまいます。まずは、現在スタートアップに設定されているアプリを確認し、不要なアプリの設定を解除することで、Windowsの起動スピードを上げましょう。スタートアップを無効にするときは、必要そうなもの以外は無効にし、問題があれば再度有効化するのがおすすめです。

● Step1　「設定」を開く

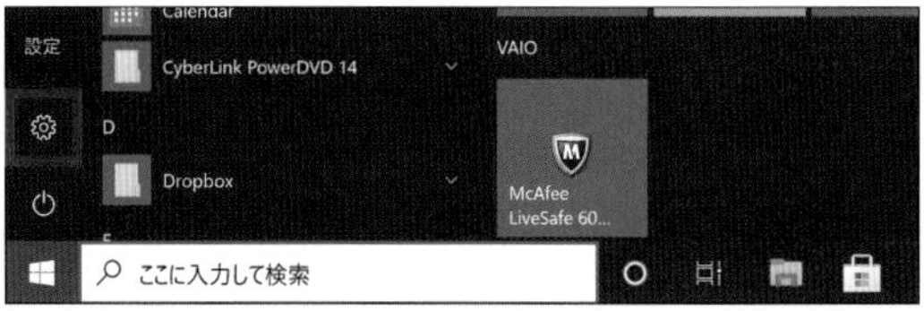

スタートメニューを表示し、⚙（「設定」）を選択する。

MEMO

「タスクマネージャー」の「スタートアップ」からもスタートアップ機能の設定の確認・変更ができます。「タスクマネージャー」は、Ctrl+Alt+Deleteキーを押して、設定に関するメニュー一覧から選択することで表示できます。

● Step2 「アプリ」を開く

「アプリ」を選択する。

● Step3 「スタートアップ」を開く

「スタートアップ」を選択する。

● Step4 スタートアップの設定を確認・変更する

「スタートアップ」が表示される。ここで、アプリのオン／オフを切り替える。

7-52 Windowsの余計な見た目の要素を排除する

Windowsでは、気づかないところで視覚的な効果が使用されています。見た目はよくなりますが、その分システムに負荷がかかり、パフォーマンスの低下につながるため、不要な機能は無効化することも重要です。

視覚効果を無効にする

Windowsでは、アニメーション表示など「視覚効果」が施されています。必要に応じて視覚効果を無効にすると、システムの負荷が軽減され、パフォーマンスが向上します。

●「パフォーマンスオプション」の視覚効果

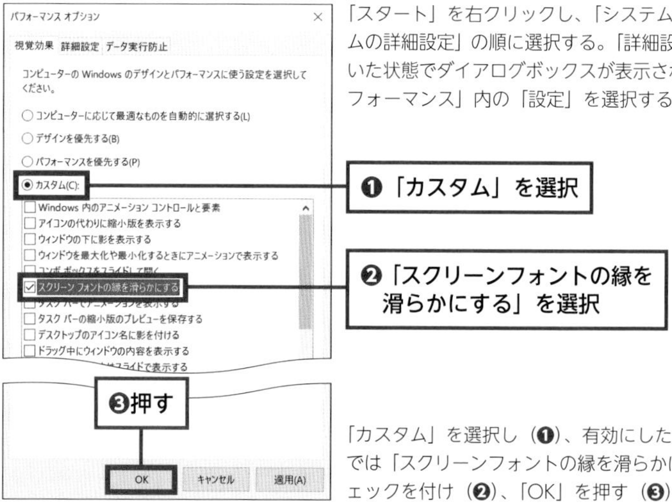

「スタート」を右クリックし、「システム」→「システムの詳細設定」の順に選択する。「詳細設定」タブが開いた状態でダイアログボックスが表示されるので、「パフォーマンス」内の「設定」を選択する。

「カスタム」を選択し（❶）、有効にしたいもの（ここでは「スクリーンフォントの縁を滑らかにする」）にチェックを付け（❷）、「OK」を押す（❸）。

MEMO

すべての視覚効果を無効にすると、逆に見えづらくなる場合があります。必要に応じて、必要なものにはチェックを入れ、有効にするようにしましょう。有効にするものでおすすめなのは「スクリーンフォントの縁を滑らかにする」です。これを無効にすると文字がぎざぎざになって読みづらくなります。

透明効果を無効にする

Windowsでは、背景が透けて見える「透明効果」が施されています。この透明効果を有効にすると、見た目はよくなりますが、システム上に多少の負担がかかります。パソコンの動作が遅いと感じているような場合は、透明効果を無効にすることでパフォーマンスを向上させましょう。

● Step1 「設定」を開く

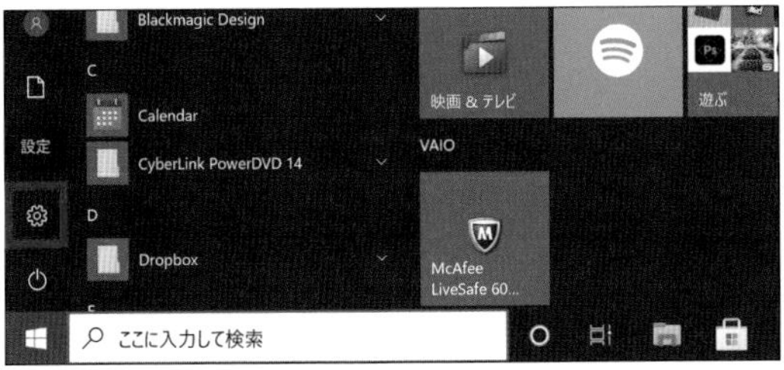

スタートメニューを表示し、⚙（「設定」）を選択する。

● Step2 「個人用設定」を開く

「個人用設定」を選択する。

● Step3 透明効果をオフにする

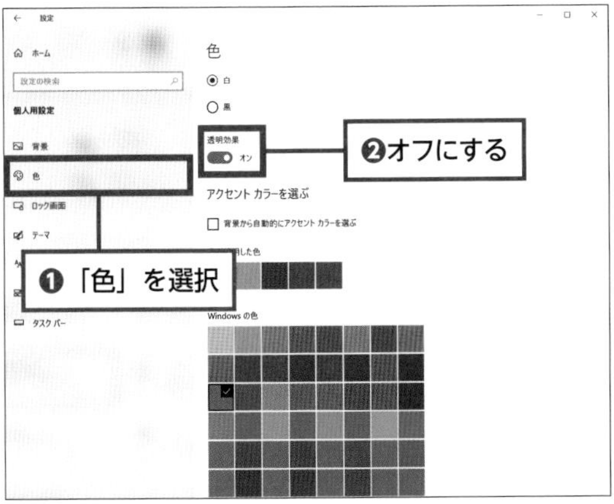

「色」を選択し（❶）、「透明効果」をオフにする（❷）。

7-53 パソコンのゴミを消す

不要なデータはこまめに削除する癖をつけ、ある程度の容量を確保しておくことは大切な作業です。なお、データを減らす作業は重要ですが一度ゴミ箱から消したデータは戻せない点には注意しましょう。

不要なものを削除してすっきりさせる

パフォーマンスを上げるためにも、不要なデータはこまめに削除して、パソコンの空き容量を増やしておく必要があります。

● Step1 「ディスクのクリーンアップ」を開く

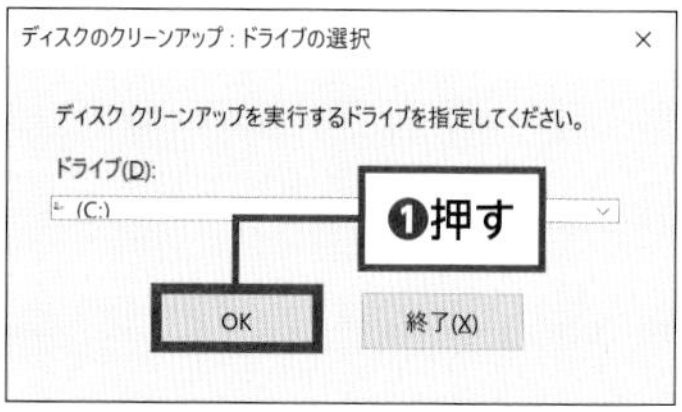

Windowsの検索ボックスに「ディスク クリーンアップ」と入力し、表示される「ディスク クリーンアップ」を選択する。

Enter

「ディスクのクリーンアップ」で任意のドライブを選択し、「OK」を押す（❶）。

● Step2 削除するファイルを選択する

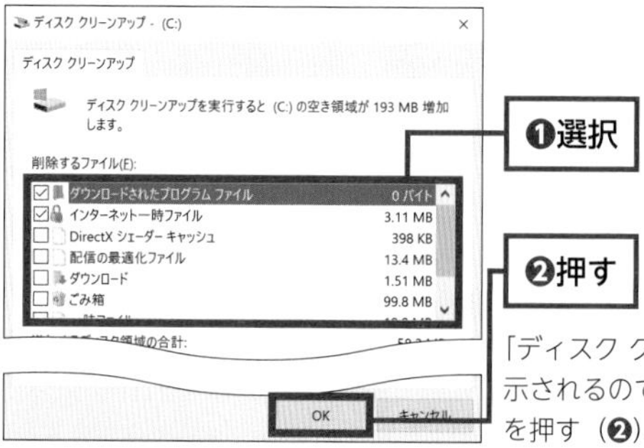

「ディスク クリーンアップ」ダイアログボックスが表示されるので、削除する項目を選択し（❶）、「OK」を押す（❷）。

MEMO

「ごみ箱」アイコンの上で右クリックし、「ごみ箱を空にする」を選択して、こまめに削除する方法もあります。

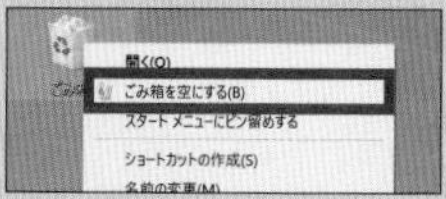

7-54 パソコンの性能を引き出す電源設定

実は、パソコンのパフォーマンスの向上には、電源モードの設定も重要です。電源モードでは、パフォーマンス、バッテリー残量のどちらを優先するかが設定できます。

電源プランを切り替える

電源モードでは、パフォーマンスとバッテリー残量の優先度を設定します。Windows 10の電源モードは、デフォルトで「バランス」が設定されていますが、「パフォーマンスがよくなるのであれば、多少バッテリーが早く減ってもよい」という場合は、「高パフォーマンス」に設定しておくとよいでしょう。

● 電源プランを確認・変更する

タスクバーの■(「バッテリー」)を選択すると、バッテリーとパフォーマンスの優先度を設定できる。

MEMO

電源モードの設定は、「設定」から「システム」を選択し、「電源とスリープ」の「電源の追加設定」を選択します。「電源オプション」画面が表示されるので、そこから設定することも可能です。

索引

● **本書サポートページ**

https://gihyo.jp/book/2021/978-4-297-12028-3/support
本書記載の情報の修正／補足については、当該Webページで行います。

■お問い合わせについて

本書に関するご質問は記載内容についてのみとさせていただきます。本書の内容以外のご質問には一切応じられませんので、あらかじめご了承ください。なお、お電話でのご質問は受け付けておりませんので、書面またはFAX、弊社Webサイトのお問い合わせフォームをご利用ください。

〒162-0846
東京都新宿区市谷左内町21-13
株式会社技術評論社
『最速ショートカットキー ― 仕事が必ず速くなる一生モノのテクニック』係
FAX：03-3513-6173
URL：https://gihyo.jp

ご質問の際に記載いただいた個人情報は回答以外の目的に使用することはありません。使用後は速やかに個人情報を廃棄します。

● **装丁デザイン**
小口 翔平＋三沢 稜（tobufune）

● **本文デザイン**
KuwaDesign

● **編集・DTP**
リンクアップ

● **担当**
野田 大貴

最速《さいそく》ショートカットキー
— 仕事《しごと》が必《かなら》ず速《はや》くなる一生《いっしょう》モノのテクニック

2021年4月30日　初版　第1刷発行

著　　者　高田《たかだ》 天彦《あまひこ》
発 行 者　片岡 巌
発 行 所　株式会社技術評論社
東京都新宿区市谷左内町21-13
TEL：03-3513-6150　販売促進部
TEL：03-3513-6177　雑誌編集部
印刷／製本　日経印刷株式会社

ISBN 978-4-297-12028-3　C3055
Printed in Japan